中医药是中华民族的瑰宝，南药作为其中的重要组成部分，承载并凝聚了中华民族数千年来防治疾病的丰富经验。

南药溯源……建设过程中有艰辛，有欢欣……

推动南药……这份宝贵的文化遗产在新时代焕发出更强的生命力，是每一位中医药事业奋斗者的荣光与梦想。

U0204214

南药溯源技术体系研究

主　编　詹若挺　柏　俊
编　委（按姓氏笔画排序）
　　　　王德勤　刘军民　李君桥
　　　　邹振华　陈　悦　陈立凯
　　　　赵文光　柏　俊　詹若挺

人民卫生出版社
·北　京·

图书在版编目（CIP）数据

南药溯源技术体系研究 / 詹若挺，柏俊主编 . —北京：人民卫生出版社，2023.10

ISBN 978-7-117-34997-0

Ⅰ.①南… Ⅱ.①詹… ②柏… Ⅲ.①药用植物–质量管理 Ⅳ.①S567

中国国家版本馆 CIP 数据核字（2023）第 114117 号

人卫智网	www.ipmph.com	医学教育、学术、考试、健康，购书智慧智能综合服务平台
人卫官网	www.pmph.com	人卫官方资讯发布平台

南药溯源技术体系研究

Nanyao Suyuan Jishu Tixi Yanjiu

主　　编：詹若挺　　柏　俊

出版发行：人民卫生出版社（中继线 010-59780011）

地　　址：北京市朝阳区潘家园南里 19 号

邮　　编：100021

E - mail：pmph @ pmph.com

购书热线：010-59787592　 010-59787584　 010-65264830

印　　刷：廊坊一二〇六印刷厂

经　　销：新华书店

开　　本：710 × 1000　 1/16　　 印张：17

字　　数：261 千字

版　　次：2023 年 10 月第 1 版

印　　次：2023 年 11 月第 1 次印刷

标准书号：ISBN 978-7-117-34997-0

定　　价：128.00 元

打击盗版举报电话：010-59787491　 E-mail：WQ @ pmph.com

质量问题联系电话：010-59787234　 E-mail：zhiliang @ pmph.com

数字融合服务电话：4001118166　　 E-mail：zengzhi @ pmph.com

　　南药具有品种繁多、区域性强、经济产值总量大等鲜明特色,其作为质量可追溯体系研究、工程技术开发与应用的载体对象,具有显著优势。

　　2010年11月,第三届中医药现代化国际科技大会首次提出中药材追溯体系的概念。2011年5月,商务部、国家中医药管理局、国家食品药品监督管理局关于追溯体系的试点批文正式下发。2019年5月,商务部等七部门联合印发《关于协同推进肉菜中药材等重要产品信息化追溯体系建设的意见》(商秩字〔2019〕5号),明确中医药管理部门结合中药标准化工作,推动中药材生产经营企业履行追溯主体责任,建设中药材质量追溯体系。2021年10月1日,《广东省中医药条例》实施,明确规定主管部门通过完善工作协同推进机制,推动中药材信息化追溯系统与省重要产品追溯平台对接,建立中药材育种、种植养殖、采收、加工、流通的全过程质量管理和质量追溯制度。

　　根据国家相关政策,结合本团队多年的研究工作,本书系统整理了南药发展概况、农业标准化与管理体系建设、中药材质量溯源现状,阐述了南药溯源共性技术与产业链信息采集技术的基础知识,并以道地南药化橘红和大宗南药凉粉草为例,展开介绍溯源技术的应用案例。此外,本书还介绍了南药种植管理及其信息系统建设的概况,以及近年来广东省中药材种植管理业务系统建设应用情况,总结分析并展望了数字化南药溯源体系的作用,以期为广大数字南药信息化从业者及对中药材管理业务系统感兴趣的相关人士提供参考。

　　在此,向关心和支持本书的所有单位、专家、读者致以诚挚的感谢。因编写时间有限,书中难免存在错漏之处,恳请广大读者斧正。

詹若挺　柏　俊

2023年6月

第 一 章

南药及广东省南药发展概况

一、南药的概念

中医药是中华民族的瑰宝，是中国文化的重要体现。其承载的厚重文化底蕴和医学模式，越来越广泛地被世人所了解和接受。1949 年苏联共产党代表米高扬来到西柏坡，在接待宴会上，毛泽东谈道："我相信，一个中药，一个中国菜，这将是中国对世界的两大贡献。" 2015 年，中国诺贝尔奖获得者屠呦呦在演讲时说道："中国医药学是一个伟大的宝库，青蒿素正是从这一宝库中发掘出来的。"自古而今，在我国的抗疫斗争中，中医药在疫情防控的预防、治疗、康复全过程中都发挥了重要作用。

南药作为中药产业的重要组成部分，具有品种多、经济总产值大、区域性强等鲜明的产业特点。南药承载并凝聚了中国数千年来防疾疗病的睿智传统医学与现代医学经验，是"一带一路"建设中民心相通、文明互鉴的重要依托。中国各省份都在积极探索发展壮大南药发展途径，并结合实际情况做出了具体的战略部署，希望借助南药品牌加强中药产业竞争资源优势。"南药"一词也频频出现在报刊、电视、网络上。

促进南药发展，首先需要厘清"南药"的历史由来和概念。

（一）南药的由来

"南药"一词最早见于清代屈大均的《广东新语》："又戒在任官吏。不得私市南药"。我国记载岭南中草药的专著分别有清代何谏所著的《生草药性备要》和民国时期的萧步丹所著的《岭南采药录》。由此可知，现今"南药"一词的演化与岭南有关。

1. 从国际来源分

本草古籍中所称的"海药"以及近代所称的"南药"最初主要是指进口药材，如唐末五代李珣著的《海药本草》一书收录了岭南地方药材和经海路输入的外来药材 124 种，有 96 种注明产于南方及外国。这些进口药材后来被发现国内亦有资源或可在两广的热带地区引种，如原产于东南亚、南亚诸国的豆蔻、砂仁、儿茶、肉桂、沉香等。因此，从药材的国际化来源看，有学者认为应将"海药"等所有进口药材纳入南药,如金砖五国的古柯、吐根、南美血竭等均属于"大南药"范畴[1-3]。

新中国成立以后,国家鼓励发展南药生产,1969年,国家商业部、外贸部、农垦部、卫生部、林业部和财政部联合发布《关于发展南药生产问题的意见》,广东、广西、云南、福建等省(自治区)进一步开展了南药的种植,并先后从国外引种30多种药材。当时的南药包括我国需靠进口或引种栽培的中药材,相当于传统的"海药"。首届南药会议于1970年在广东湛江召开,随后的第2~4届全国南药会议分别在广西南宁、福建漳州、云南西双版纳景洪召开,但在历届有关"南药"生产的各种会议上均未对"南药"进行定义,"南药"暂无确切的定义[2]。

2. 从行政区划分

从南药的行政区划的变迁来看,1975年,国家商业部、农林部、卫生部、供销合作总社四单位联合发布的《关于发展南药生产十年规划的意见》将江西、贵州、四川、浙江等省区也列入全国南药生产省区,进一步扩大了南药的范围。现代本草《药材资料汇编》(1999年)中的南广药则指主产于广东、广西、海南、台湾的药材,地理单元为南岭以南的南亚热带与热带地区,如槟榔、益智、砂仁、巴戟天"四大南药"以及广藿香、肉桂、八角茴香等。《中国道地药材》(胡世林,1989年)将南药的地理范围扩大为包含湖南、湖北、江苏、安徽、福建;1998年胡世林在《中国道地药材原色图说》又将湖北、安徽和江苏3个省从南药的地理范围中分出,南药产区则只包含湖南、江西、两广、福建等地[3]。

3. 从地理区划分

此外,南药的概念还源于南北地域学说。同一类中药材因为其生长的地理环境(包括气候、土壤等)等不同,成分、含量会出现很大差别。通常以中国秦岭为界进行划分,秦岭以北地区出产的中药材称作"北药",秦岭以南地区出产的中药材称作"南药"[2]。

(二)南药和广药

综上所述,南药的概念可以从广义和狭义两个角度理解。从广义上,南药指主要出产在亚洲、非洲、拉丁美洲的药材。从狭义上,南药指以中国秦岭—伏牛山—淮河为界,该界以南地区生产种植的药材,主要包含广东、广西、海南、云南、福建、台湾等省(自治区)的热带、亚热带地区出产的药材。

中国是南药的主产地和传统种植区,其种植总量和面积均占全球的90%以上。主产地为广东、广西、海南、云南、福建等省(自治区)的水热条件丰富地区,出产著名的道地药材,如槟榔、益智、砂仁、巴戟天被称为中国传统的"四大南药";桂南一带出产的有鸡血藤、山豆根、肉桂、石斛、广金钱草、桂莪术、三七等;珠江流域出产的有广藿香、高良姜、广陈皮、化橘红、何首乌等;海南地区出产的有益智、槟榔、沉香等。

根据文献记载,目前中国南药植物种类共有 5 000 余种[4],人工种植的有 200 余种,总种植规模已达到了 900 万亩①,已建立 70 多个南药规范化生产示范基地,广东、福建、云南三省有 16 种药材的基地先后通过了国家食品药品监督局的中药材 GAP 基地认证[4-5]。

"广药"传统上指广东、广西两省所产的道地药材,而海南于 1988 年才从广东分离出来单独建省,因此原先的广药包含现今海南岛的道地药材。传统的"十大广药"包括阳春砂仁、石牌藿香、新会陈皮、德庆巴戟、何首乌、徐闻良姜、肇庆芡实、连州玉竹、广佛手、化州橘红。"广药"与"南药"密不可分,如广藿香、砂仁等一些传统进口"南药",在"广药"产区成功引种后,经过长期的种植和大量的使用,逐渐融入到广药行列之中,成为远近闻名的"广药"[2]。广东省是中医药强省,"广药"在"南药"中亦占据了相当重要的地位,系统回顾总结广东省南药资源发展情况对于推动南药发展具有重要意义。

二、广东省南药资源发展现状

1. 广东省南药资源种类

广东省地处中国南岭山脉以南,属于东亚季风区,从北向南分别为中亚热带、南亚热带和热带气候。气候温和、雨量充沛、地形复杂、地貌多样的得

---

① "亩"为中国市制土地面积单位,考虑实际需要,在本书中保留使用。1 亩 ≈ 666.67 平方米。

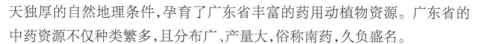

天独厚的自然地理条件,孕育了广东省丰富的药用动植物资源。广东省的中药资源不仅种类繁多,且分布广、产量大,俗称南药,久负盛名。

据1983—1987年的全国第三次中药材资源普查数据显示,广东全省(包括现海南岛)有中药资源2 645种,其中药用植物2 500种、药用动物120种、药用矿物25种;家种药材年产量和野生药材的蕴藏量超过100吨的大宗品种有194种,出口创汇的道地药材有100多种,适销全国的有84种,其中全国基本依赖广东供应的药材有广藿香、化橘红、穿心莲、高良姜、巴戟天、溪黄草、益智、山柰等[6]。

截至2022年,广东省开展完成的第四次全国中药资源普查工作,调查广东省野生植物资源有3 854种、栽培植物资源166种,药材市场主流品种有190种。

广东省历来出产诸多道地、大宗及岭南地方特色药材,如粤西地区出产的道地药材有阳春砂、化橘红、广藿香、肉桂、沉香、广香附、益智、高良姜、龙眼肉、山柰、穿心莲、牛大力等,尚种植有八角、蔓荆子、广金钱草、百部、天冬以及南肉桂、檀香、大风子、丁香、胖大海等引种栽培进口南药,野生药材资源有假蒟、土沉香、东风桔、扭肚藤、草豆蔻、红豆蔻等;粤中地区出产的道地药材有何首乌、巴戟天、肇实、广佛手、沉香(莞香)、广陈皮、粉葛等,尚有五指毛桃、铁皮石斛、鸡骨草、灵芝、牛大力、鸦胆子、芦荟、青天葵、鸡蛋花、素馨花、鸡血藤、三叉苦、两面针、岗梅、千斤拔、救必应、过岗龙、溪黄草、猴耳环、九里香(千里香)、宽筋藤、丁公藤、紫花杜鹃、金樱子、山芝麻、了哥王、铁包金、鹰不泊、布渣叶、广东合欢花、金线莲、鸡骨香、广东络石藤、东风桔、广东狼毒、岗稔、桑寄生、过岗龙、狗脊等野生药材资源;粤北地区以野生药材资源为主,主要有鸡血藤、五指毛桃、岗梅、夏枯草、半边莲、独脚金、紫花杜鹃、山苍子、黄精、灵香草、八角莲、十大功劳、金果榄、黑老虎、金银花、檵木、黄花倒水莲、溪黄草、大血藤、千斤拔、南丹参、钩藤、广升麻、青天葵、石斛类药材等,栽培药材主要有凉粉草、鸡血藤、溪黄草、五指毛桃、广金钱草、岗梅、灵芝等;粤东地区野生药材资源有三叉苦、猴耳环、岗梅、葫芦茶、黑老虎、钩藤、丁公藤、毛冬青、草珊瑚、狗脊、金樱子、苦木、威灵仙、铁包金、千斤拔、鸦胆子等,栽培类药材有穿心莲、溪黄草、广金钱草、沉香、薏苡、佩兰、小叶榕、石斛类(铁皮石斛、金钗石斛等)、岗梅、牛大力、山柰、降香、山银花、白花蛇舌草等[7]。

2. 广东省南药种植基地建设现状

近年来,广东省一些大型中成药生产企业结合自身中成药生产的原料需求,积极参与中药材规范化种植基地的建设,并逐步探索出"中药工业企业 + 科研 + 基地 + 农户""民营企业 + 科研 + 基地 + 农户"等中药材规范化基地建设的模式。广东省先后建设了广藿香、阳春砂、广陈皮、化橘红、广佛手、益智、巴戟天、沉香、何首乌、穿心莲、肉桂、高良姜、凉粉草、溪黄草、岗梅、三叉苦、九里香、两面针、九节茶、广金钱草、青蒿、百部、白及、黄精、黑老虎、虎杖、五指毛桃、牛大力、鸡血藤、铁皮石斛、灵芝、天然冰片(梅片树)、降香、广地龙等60余种中药材的规范化、规模化种植基地[8-9],其中穿心莲、广藿香、化橘红、鸡血藤等药材的规范化种植基地先后通过了国家食品药品监督管理局负责的中药材GAP(良好农业规范,good agricultural practice,GAP)认证。这些GAP基地建设的模式不仅优化了当地农村的经济结构,也为农村农业结构调整和精准扶贫开辟了新的途径,同时还帮助了企业摆脱原料需求的制约,保证了中成药生产的药材原料质量,促进了企业的发展和产品升级。但产业链整合程度仍需进一步提高,中成药企业、中药饮片企业应提前介入南药种植领域。

3. 广东省南药种业研究现状

广东省在南药品种培育上具有一定的优势,除了对化橘红、广藿香、凉粉草等55种道地与大宗南药的规模化种植外,还较为系统地完成了化橘红、广藿香、溪黄草、凉粉草等南药种质资源的收集、保存、鉴定与评价工作,逐步构建和完善了广藿香、化橘红、凉粉草、岗梅、三叉苦、九里香、两面针、青蒿、溪黄草等道地与大宗南药"育繁推"创新技术体系,并利用系统选育和分子标记辅助选择等技术开展广藿香等南药的良种筛选工作,选育苗头品系超过18个,其中优质高含量青蒿新品种入选省级"主导品种"。在良种繁育技术攻关方面,研究解决了两面针、九里香、岗梅、三叉苦等难繁育药材的种子繁育生产技术,年种苗繁育能力达1 000万株以上;建立了广藿香、铁皮石斛等药材的种苗离体快繁技术,实现了种苗的产业化生产,满足药材规模化种植的需求。建成有国家级标准的种质资源圃和省级南药种子种苗繁育基地,提升了工厂化快繁、标准化育苗工程技术。研究制定了化橘红等道地药材规范化生产技术规程,三叉苦、两面针、九里香等大宗南药的种子种苗以及药材商品规格等级等团体标准20项和企业标准 3 项[10-11]。

4. 广东省南药品牌建设现状

广东省在南药资源的开发利用和品牌的培育上也具有潜在的发展空间，如著名的南药肉桂、广陈皮、化橘红、益智、春砂仁、高良姜、元肉（龙眼肉）、广藿香、凉粉草、广佛手、八角、山银花、肇实、山奈、粉葛以及葛根、灵芝、铁皮石斛、黄精、山药等具有中医的药食同源特性，药用价值和食用价值较高，何首乌、巴戟天、香附、天冬、石斛、白及等则可用作保健食品，五指毛桃、牛大力、三叉苦叶等在广东省民间历来亦被用作食材，具有潜在品牌发展优势。

在品牌建设方面，化橘红、新会陈皮、肇实、派潭凉粉草、高州桂圆肉、高要巴戟天、莞香、活道粉葛、合水粉葛、徐闻良姜、罗定肉桂、连州溪黄草、大八益智等先后获得原国家质量监督检验检疫总局批准实施的国家地理标志保护产品；肇实还获得国家工商总局地理标志集体商标、证明商标保护种类；德庆何首乌、巴戟天、广佛手以及阳西牛大力先后获得国家农业农村部颁发的国家农产品地理标志登记证书。肇庆市高要区于 2000 年被国家林业局正式命名为首批"中国名特优经济林肉桂之乡"，罗定市于 2002 年被国家林业局命名为"中国肉桂之乡"，阳春市于 2004 年被中国经济林协会评为"中国春砂仁之乡"，阳江市阳东县大八镇于 2006 年被命名为"中国果用益智之乡"。

加大对这些药材资源的综合开发与利用研究，提高其药材产业的附加值，不断融合南药相关的第一、二、三产业，可使南药产业的发展具有更广阔的空间。

三、广东省栽培南药资源种类及其产地分布

广东省著名的南药品种有化橘红、广陈皮、阳春砂、巴戟天、何首乌、广藿香、广佛手、沉香、肉桂、高良姜、益智、肇实、广香附、穿心莲、广金钱草、溪黄草、玉竹、山奈、龙眼肉等，其中前 8 种已被列为《广东省岭南中药材保护条例》首批受保护品种。这些南药品种的道地产区及传统主产区，除了化橘红、广陈皮、高良姜、广香附、肇实以及高州龙眼肉一直保持在道地产区规模化种植外，巴戟天、广藿香、春砂仁、沉香、穿心莲等道地南药在省内的种植产地则在不断扩大[9]（表 1-1）。

表1-1　广东省栽培南药资源种类及产地分布

药材名	道地及传统产地	引种地或主产区
化橘红	化州	
广陈皮	新会	乳源等
春砂仁	阳春	阳东、广宁、封开、怀集等
巴戟天	德庆、高要	郁南、云城、广宁、丰顺、罗定、龙门、揭西、翁源、五华、怀集等
何首乌	德庆	高州、化州、新兴、阳春、广宁、茂南、海丰、怀集等
广藿香	肇庆、湛江	阳春、化州、四会、阳东等
广佛手	肇庆	清远、梅州、云浮、连平
沉香	东莞、中山、茂名、惠州、揭阳	云城、龙门、龙川
肉桂	高要、德庆、罗定、郁南	广宁、云城、新兴、封开、四会、韶关、清新
益智	阳东、阳西	高州、信宜、阳西、罗定、封开
高良姜	徐闻、海康、遂溪	
香附	遂溪	
肇实	鼎湖、四会	
穿心莲	湛江	阳春、四会
山柰	惠东、化州、揭西、揭阳	阳春、阳东
玉竹	连州	乳源、阳山
广金钱草	湛江	阳东、平远
溪黄草	饶平、英德、连南、阳山	
龙眼肉	高州	
牛大力	电白、阳东、阳西、阳春、云城、化州、博罗、罗定、湛江、四会等粤西、粤中及南部地区	陆河、湛江、东源、阳山、陆丰、连平、五华、新兴、南雄、清新、龙川、新丰、佛冈、连山等
凉粉草	平远、增城、阳春、丰顺、新丰	阳东、广宁、南雄、和平、蕉岭、海丰
银杏叶	南雄、梅县	
百部	惠来、阳山	云城、阳山

续表

药材名	道地及传统产地	引种地或主产区
药用桑	罗定	
八角茴香	信宜、阳春	
金银花	乳源、和平、大浦、连州、梅县、增城	连南、丰顺、阳山、龙门
天冬	电白、信宜	惠来、斗门、信宜
葛根	平远、蕉岭、惠来	
灵芝		怀集、源城、蕉岭、龙门、连平等
吴茱萸		南雄、曲江、云城
青蒿	丰顺	
蔓荆子	阳春	
栀子	连州	
杜仲		阳山、梅县、连州、连平
百合	连州	
檀香		湛江、阳西、阳东
降香		普宁
南肉桂（大叶青化桂）		信宜
天然冰片		平远、梅县
五指毛桃		龙川、大埔、五华以及东源、和平、惠来、源城、从化、揭阳、茂名
石斛		怀集、阳西、浈江、惠来、四会、增城、惠东、阳山等
铁皮石斛		连平、饶平、仁化、兴宁、东莞等
三叉苦		云城、阳西、封开、茂名
两面针		云城
岗梅		平远、普宁、茂名
山苍子		连山
九节茶		乳源、始兴、怀集
黄花倒水莲		梅县

续表

药材名	道地及传统产地	引种地或主产区
虎杖		怀集
火炭母		清城
钩藤		怀集
射干		南雄
莪术		南雄
紫珠		连平
南板蓝根		怀集、封开
黑老虎		蕉岭
白花蛇舌草		惠来

四、广东省南药生产发展现状[12]

目前,广东省共建设了60家省级中药材产业化基地、14个省级现代南药农业产业园,扶持了156个村发展南药产业,形成全国"一村一品"示范村镇(南药)7个、省级专业镇(南药)10个、专业村(南药)93个。据调查统计,截至2021年,广东省种植的药材种类达90多种,其中千亩以上种植规模的有50余种,具有鲜明地域特色的南药种类有40余种;种植面积大、产量高、产值较大的道地南药品种主产于粤西地区,非道地南药品种产区以粤西和粤北为多,野生转家种药材的种植基地则多分布于粤北、粤东北以及粤西地区的山区县。2021年,广东省中药材种植面积约339万亩,中药材总产量约130万吨,农业总产值超180亿元,关联和带动产值1 000亿元以上。

2021年广东省各地级市中药材种植面积、总产量及总产值见表1-2。肇庆、云浮、茂名三地的中药材种植规模位居全省前三,分别为147万亩、89万亩和42万亩;全省药材总产量约129.68万吨,排名前三的分别为肇庆、茂名和江门;全省药材总产值达181.5亿元,位居前三的分别是肇庆、茂名和阳江。粤西和粤中地区是广东省南药生产的主产区,中药材种植面积占全省种植面积的93.37%,其中粤西地区的湛江、茂名、阳江、云浮四市的中药材种植面积占全省 46.17% 粤中地区的肇庆、广州、东莞、珠海、江门、惠州六市的中药材种植面积占全省的 47.20%；而粤北和粤东北地区的韶关、清远、河源、梅州四市的中药材种植面积占全省的 5.67%；粤东地区中药材种植面积最小，汕头、潮州、揭阳、汕尾四市的中药材种植面积占全省的 0.96%。

表 1-2 2021 年广东省各地级市中药材种植生产情况

产地		总面积 / 万亩	总产量 / 万吨	总产值 / 亿元
粤西	云浮	89.300 0	17.024 5	13.954 8
	茂名	41.810 0	21.591 0	54.002 8
	阳江	15.550 0	6.400 0	22.104 0
	湛江	9.950 0	6.132 5	6.213 0
粤北	梅州	8.207 0	6.193 9	5.315 4
	韶关	5.412 0	2.077 4	1.868 9
	清远	3.163 7	1.665 3	2.089 9
	河源	2.438 6	2.064 8	4.040 8
粤中	肇庆	147.223 5	41.217 5	54.654 2
	江门	9.500 0	20.000 0	9.100 0
	惠州	2.415 5	0.542 0	0.792 8
	广州	0.865 6	0.373 1	0.796 7
	东莞	0.064 7	0.005 0	0.752 0
	珠海	0.035 7	0.030 1	0.388 3
粤东	汕尾	1.771 0	2.835 3	4.244 0
	揭阳	1.080 6	1.312 6	0.860 6
	潮州	0.330 0	0.195 0	0.350 0
	汕头	0.060 0	0.020 0	0.005 0
合计		339.177 9	129.680 0	181.533 2

2021 年，广东省种植的南药品种、种植面积、总产量和总产值见表 1-3、图 1-1 至图 1-3。

表1-3 2021年广东南药种植生产情况

序号	品种	总面积/万亩	总产量/万吨	总产值/亿元
1	肉桂	203.072 0	32.007 0	39.445 9
2	沉香	14.772 1	1.232 0	21.680 0
3	巴戟天	14.099 4	12.010 5	15.717 5
4	牛大力	12.243 9	18.440 4	37.805 8
5	化橘红	9.503 0	0.731 5	5.540 0
6	广陈皮	9.650 0	20.035 0	9.235 0
7	何首乌	7.929 0	8.472 3	5.726 0
8	益智	7.011 0	1.442 1	1.153 8
9	春砂仁	5.502 8	0.220 3	12.504 3
10	广藿香	4.707 3	5.135 3	4.403 6
11	高良姜	4.250 0	1.912 5	2.100 0
12	龙眼肉	4.000 0	0.200 0	1.400 0
13	凉粉草	3.835 0	1.666 4	2.240 8
14	三叉苦	3.663 0	0.984 0	0.593 3
15	广佛手	3.241 0	5.733 0	2.987 0
16	冰片	2.920 0	3.500 0	0.833 0
17	岗梅	2.750 0	1.430 0	1.091 0
18	香附	2.150 0	1.510 0	1.253 0
19	银杏叶	1.903 0	0.831 0	0.416 0
20	穿心莲	1.730 0	0.981 0	1.084 6
21	百部	1.730 0	0.603 0	0.210 0
22	八角茴香	1.600 0	0.560 0	0.053 0
23	两面针	1.130 0	0.400 0	0.300 0
24	栀子	1.113 3	0.418 5	0.200 4
25	九节茶	1.070 0	0.190 0	0.226 0
26	五指毛桃	0.946 2	1.291 0	1.786 4
27	九里香	0.800 0	—	0.060 0
28	肇实	0.640 9	0.275 1	0.402 1
29	玉竹	0.621 0	0.831 5	0.938 0
30	天冬	0.592 6	1.414 8	0.483 1

续表

序号	品种	总面积/万亩	总产量/万吨	总产值/亿元
31	溪黄草	0.592 6	0.296 1	0.378 0
32	吴茱萸	0.540 0	0.040 3	0.049 6
33	山柰	0.535 0	1.080 0	0.635 0
34	山苍子	0.500 0	0.009 0	0.066 0
35	南板蓝根	0.492 5	0.148 3	0.177 0
36	檀香	0.470 0	—	—
37	灵芝	0.451 3	0.341 1	1.051 5
38	葛根	0.450 0	0.485 0	0.254 5
39	石斛	0.437 5	0.129 0	1.815 9
40	金银花	0.428 9	0.042 8	0.122 5
41	青蒿	0.300 0	0.003 0	0.005 0
42	铁皮石斛	0.278 7	0.018 0	1.073 0
43	蔓荆子	0.230 0	0.010 0	0.010 0
44	山银花	0.217 0	0.033 4	0.112 5
45	广金钱草	0.215 0	0.210 0	0.209 0
46	紫珠	0.200 0	0.030 0	0.090 0
47	粉葛	0.155 0	0.230 0	0.198 5
48	虎杖	0.150 0	0.130 0	0.100 0
49	黄花倒水莲	0.150 0	0.230 0	0.900 0
50	火炭母	0.125 0	0.007 5	0.025 0
51	莲子	0.106 0	0.010 6	0.100 4
52	百合	0.101 0	0.091 3	0.085 5
53	红豆杉	0.100 0	—	—
合计		336.402 0	128.033 6	179.328 5

由表 1-3 可看出，2021 年，广东省肉桂的种植规模最大，达 203 万亩。种植面积在 0.1 万亩以上的南药及其年种植规模见图 1-1（由于肉桂的种植面积远大于其他药材的种植面积，因此未纳入图 1-1 中体现）。2021 年，广东省种植面积达 1 万亩以上的有 25 种，5 万亩以上的有 9 种，10 万亩以上的有肉桂、沉香、巴戟天和牛大力 4 种。除牛大力外，首批受《广东省岭南中药材保护条例》保护的沉香、巴戟天、广陈皮、化橘红、何首乌、春砂仁、广

藿香和广佛手八种药材的种植面积和产值均位居前列,且保持绝对优势。此外,高良姜、龙眼肉、凉粉草、三叉苦、冰片、岗梅、香附、银杏叶、穿心莲、百部、八角茴香、两面针、栀子和九节茶等药材也均达万亩以上的种植规模。0.2万~1万亩种植规模的药材有五指毛桃、九里香、肇实、玉竹、天冬、溪黄草、吴茱萸、山柰、山苍子、南板蓝根、檀香、灵芝、葛根、石斛、金银花、青蒿、铁皮石斛、蔓荆子、山银花、广金钱草、紫珠等。0.1万亩以下种植规模的药材尚有粉葛、虎杖、黄花倒水莲、火炭母、莲子、百合、红豆杉等。

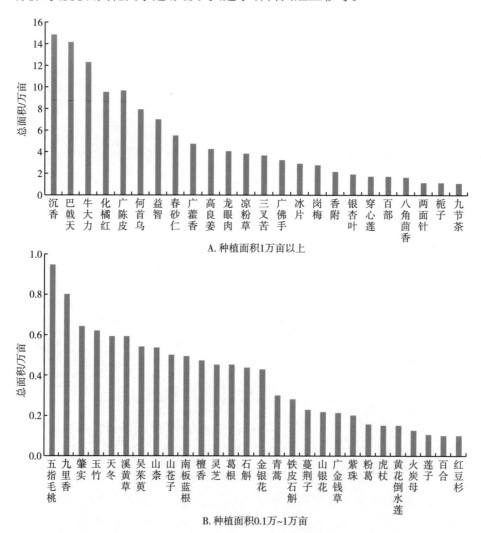

图 1-1　2021 年广东南药药材种植面积

图 1-2 显示的是广东南药药材 2021 年的产量。年产量在 10 万吨以上的有肉桂、广陈皮、牛大力和巴戟天,其中肉桂的产量高达 32 万吨;年产量在 1 万吨以上的药材有 17 种,其中何首乌的年产量达 8.4 万吨,广佛手和广藿香的年产量达 5 万余吨。年产量在 0.1 万~1 万吨的药材有 22 种,而 0.1 万吨以下的有 14 种,其中九里香、檀香及红豆杉药材产出甚少,未作统计。

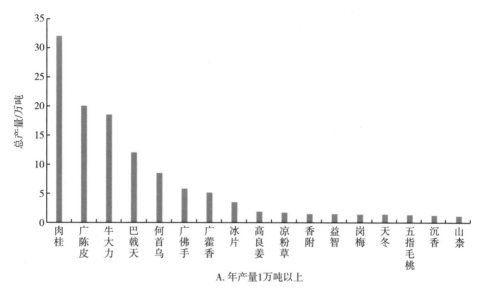

A. 年产量1万吨以上

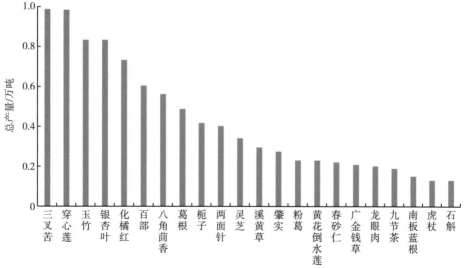

B. 年产量0.1万~1万吨

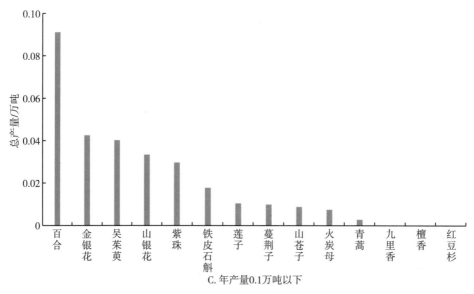

C. 年产量0.1万吨以下

图 1-2 2021 年广东南药药材产量

图 1-3 显示的是广东产 53 种南药药材 2021 年的产值。年产值 10 亿以上有 5 种药材,分别是肉桂、牛大力、沉香、巴戟天和春砂仁,其中肉桂年产值达 39.45 亿元,排名第一;其次是牛大力,年产值为 37.81 亿元;位居第三的是沉香,年产值为 21.68 亿元。年产值 1 亿~10 亿的药材有 16 种,其中广陈皮、何首乌化橘红和广藿香药材的年产值在 4 亿以上。年产值 1 亿以下药材则有 32 种,其中檀香和红豆杉的年产值很低。

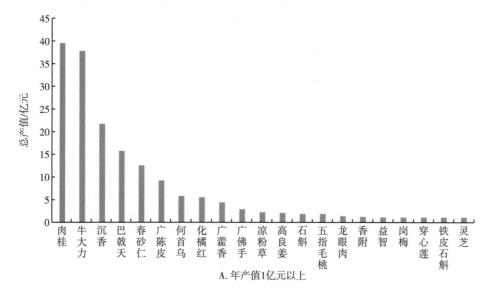

A. 年产值1亿元以上

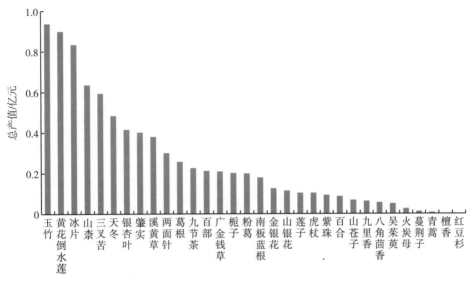

B. 年产值1亿元以下

图 1-3 2021 年广东南药药材产值

第 二 章

农业标准化与管理体系

一、农业标准化的定义

1. 农业标准化的定义

标准化原理是指以标准化实践工作为基础,经总结、概括和提炼出的具有普遍指导意义的标准化活动客观规律,并为标准化实践所验证。农业标准化的基本原理是指人们在农业标准化实践活动中总结出的农业标准化活动的内在规律。

农业标准化是指在农业生产、加工和流通环节中运用简化、统一、协调、优化的原则,把农业生产实践经验和农业科技成果转化为标准,并将该标准加以应用和推广,以建立标准化、规范化和程序化的农业生产过程[13]。

农产品标准因行业的发展不同,与工业标准相比存在明显差异。工业标准依赖于生产技术。在系统上不断改进、创新并集成于输出的技术标准,必须具备良好的准确性和性能状态良好的特征,才能作为真正的规范或基准,且不容许任何技术上的额外错误,否则就是浪费或事故[14]。但是,由于农产品的高度复杂化和不确定性的存在,中国农产品市场受到生态多样性、生境变异性、天气非线性变化、市场变化程度、反应时滞、边界多联动、边际效应与人为效果等方面的影响,一直处在多维度、多因素的综合联动状态。农产品国家标准的形成和应用是从农业天人合一的复杂环境中捕捉关键要素,将现代农业科学技术与传统农村生产经验相结合,捕捉农业关键标准,进行动态关键管理,并通过调整对农业系统的控制范围以实现国家标准的最高效能。所以,现代农业规范一般只是以"标准""规范"或"要求"的形态表述,现实中存在着明显的尺度偏差并逐步力求正确。比如在种子质量标准方面,需要改变良种和非良种界限不明、真品种与假冒品种混淆不清的状况,在种子精选、加工、包装等环节需要进一步规范操作;在农技操作规程方面,既要注重操作规程的技术含量,更要注重操作规程的环境和安全控制。

2. 农业标准化的目的

（1）促进先进科学技术的推广与应用：现代农业与传统农业的一个重

要区别是二者采用的技术体系的不同,传统农业建立在直观经验的基础上,而现代农业则依靠现代科学技术。中国是一个农业大国,农业人口在总人口中仍占有很大的比例,中国农业的根本出路在于农业现代化,关键在于农业技术的推广应用。农业标准化通过将先进的农业生产技术转化为通俗易懂、浅显明了的农业技术标准,并应用于农业生产的各个环节,是推广先进的农业生产技术的重要手段,同时也是联系科研和生产的重要纽带,可将先进科技成果转化为生产力。

（2）保障农产品的质量和安全:随着中国人均收入水平的提高,社会对高质量农产品的需求与日俱增。人们对农产品的追求不再停留在对数量的满足上,而是对农产品的质量和安全等提出了更高的要求。农业标准是质量监督的依据,是对农产品品质的具体要求,起着保障农产品质量和安全的重要作用。随着社会愈发重视食品质量安全,我们也需要不断修订和完善现有的相关农业标准,建立一套从农田到餐桌的食品质量安全网络体系,切实保障和满足人民群众对高品质农产品的需求。

（3）实现农业生产的规模化和产业化:农业生产要实现规模化和产业化经营,需要有一套标准来规范种植、养殖、加工等各个环节的生产和加工。只有做到标准统一,才能保证产品的规格统一和质量品质,形成一定生产规模,生产出具有市场竞争力的商品。农业标准化的实施能够保证农业生产各环节的质量,有效地促进各环节间的衔接,降低各环节间的交易成本,促进农业生产规模化发展。

3. 农业标准化的内容

农业虽然复杂多变,但始终是社会发展的必要产业,旨在实现综合效益的最大化。要降低农产品生产的劳动力成本,增加农民共同利益空间,形成合理的时空结构,就必须遵循现代农产品标准化基本原理和方法。农产品技术规范制度可以概述为:根据"统一、精简、协同、优选"的基本原则,对农业全过程进行管理,通过制定技术规范制度和技术标准,推动优秀现代农产品科学技术理论与知识的宣传普及,提升农产品质量,推进农产品流通,严格管理农产品贸易市场秩序,指引农产品生产并引导市场消费,以进一步提高农民收入水平和农产品市场竞争力。

（1）产品标准:产品标准是规定一种产品或一类产品应符合的要求以

保证其适用性的标准,包括品种、规格、技术要求、试验方法、检验规则、包装、标志、运输和贮存要求等,是为了提升产品质量、提高产品的适用性而建立的规范。

（2）**技术标准**:农业技术标准体系涵盖的范畴非常广泛。在农产品栽培、生产、加工和流通过程中,各个关键环节的规范大致由如下几种标准构成:

1）基地标准:主要涉及特色农作物培育与生长的环境质量条件、基地基础设施建设标准与配套要求,以及在基地建设流程中所包含的设施要求标准等。

2）种苗标准:主要涉及良种植物的培养与繁殖标准,包括选育、繁殖、杂交制种、种质等基本标准。

3）采摘加工标准:主要涉及采集技术、初加工技术、深加工技术等标准。

4）技术标准:包括生产加工技术标准、农业病虫害的防治、农药使用标准。

5）质量标准体系:包括加工原料质量标准、工艺质量标准、初加工或深加工成品质量标准。

6）产品流通标准体系:主要指物流链中的仓储、包装、运销等相关规范。

7）其他技术标准:指与农业其他专业领域相互联系的为农业生产经营管理服务的相关农业技术标准,主要包括农业生产机械作业质量安全、农业技术规范要求、产品标识标准、农业信息获取和公共服务条件等有关标准。

（3）**方法标准**:方法标准体系是指为试验、检验、测定、抽样等方法制定的标准规范。

1）试验方法规范:包括农产品特性在内的试验方法规范。

2）检验方法规范:主要包括农作物的进出口检验方法规范、病虫害检验检疫规范。

3）测定方法规范:包括农产品中某些成分或者元素含量的测定规范。

4）抽样方法规范：包括农产品数量抽样计算方法。

（4）**管理标准**：管理标准是针对农产品生产经营活动监管而提出的规范，分为环境管理标准、生产管理标准、经营管理标准和质量管理标准。

1）环境管理标准：主要涉及特色作物栽培和生产过程中环境的监测、评价等标准。

2）生产管理标准：主要涉及生产过程中农药、化肥的使用管理，以及农作物的播种、移栽、初加工等过程的监督管理；同时还涵盖了农业生产过程中对工作人员的作业管理，例如工作人员岗位职责、制度等。

3）经营管理标准：主要涉及特色农产品市场准入、市场监督管理规范等。

4）质量管理标准：主要涉及保护地方特色农产品质量的有关规范，如产品认证、质量监督、产品质量安全、产品质量追溯等的管理规范。

二、国际农业标准体系

世界各地的农业质量标准与要求并不统一，农业产业链中的生产商和制造商之间缺少便利、高效的交流，导致消费者的权益未能得到充分保障。所以，许多主要进口市场需要对农产品的质量进行监管，以保证农产品质量安全。基于此，为了给消费者带来更安全可靠的农产品，加强在农业生产过程中的对自然资源的可持续性保护，农业标准体系应运而生。

农业标准化规范已被全球范围内的多个国家高度重视并取得了快速发展，在推动全球范围内的食品安全发展及环境、资源的可持续使用方面发挥着巨大的作用，同时也提高了世界各国农产品的质量水平和水准。虽然世界各国在制定标准方面有着相似的目标、基准、参考准则以及认证操作程序，但其制定标准的基本要求在生产主体、文化背景、组织化程度、设施建设、土地制度、质量监测、规范体制、政策影响等方面还有着较大差别。分析国外农业标准规范可以为国内农业标准化提供经验，提高国内农业标准化生产管理水平，从而增强农业产品在国内外市场上的综合竞争力。

1. 全球良好农业规范

全球良好农业规范(以下简称全球 GAP)来自欧洲 GAP,它是由欧洲零售商行业协会在 1997 年推出的。为了给消费者带来安全的、满足农业可持续发展的优质农产品,欧洲零售商行业协会组织零售商、农产品供货商和生产者联合建立了良好农业规范认证,其建立的良好农产品标准框架,采取危害分析与关键控制点管理方式,制定了良好农产品标准的控制点和符合性标准。全球 GAP 分为农作物、畜禽、水产品 3 个主要部分,各部分具体执行的主要文件为:相关验证总则、控制要求和符合标准、检验清单。审定的一般原则规定了执行标准的一般原则,其中验证通则规定了执行标准的总原则,而检验清单则是验证机构对企业检验结果的主要依据。按照食品安全、工人福利、可持续发展等要求,规范中的条文共包括 3 个等级:主要、次级和推荐条款。全球 GAP 的形成以及在世界范围内的普及,使得很多发达国家开始以此为基准,并结合自己的国情形成了本国的良好农业规范认证制度。这不仅对保证食品安全、改善环境保护、推动农业经济可持续发展、提升企业员工福利水平具有重要的促进作用,还将全球农业贸易合作推动到了一个更高的平台上。

全球 GAP 主要特点有:①欧洲零售商行业协会是具有民间团体性质的领导机构,它在生产商、加工商和消费者之间创造了一个巨大的平台。在高度商业化的欧洲国家,超市是农产品销售的主要渠道,无法在超市销售的农产品的市场空间很有限。②欧洲的消费者对环境保护和食品安全的意识强,乐意接受具有全球 GAP 认证的产品。③欧洲零售商行业协会借助市场利益机制推动全球 GAP 认证。没有经过全球 GAP 认证的产品都不能在欧洲大型超市售卖,农业生产经营者不进入大型超市是难以进行大量的交易经营的,为了在市场上获得更多份额和机会,他们的农产品需要获得全球 GAP 认证,因此全球 GAP 认证也逐渐成了农产品的必要资质。④欧洲农业生产者具有较为完善的交通、水利、卫生等基础设施,在推行全球 GAP 认证时,农业生产者的初期投资比较小,也更加容易接受规范认证。⑤农业生产者对于较复杂的认证程序和培训的熟悉速度比较快,实施的阻碍程度相对较小。

2. 美国良好农业规范

1998 年,美国食品药品监督管理局和农业部联合发布的《减少鲜切水果和蔬菜中微生物危害》明确提出了 GAP 的定义。美国 GAP 侧重于农产品的种植、采摘、洗涤、摆放、包装，以及在储存和运输过程中对常见有害微生物的控制，特别重视新鲜果蔬的生产与包装[15]。美国 GAP 之所以将对有害微生物的管理作为工作重点，是因为美国联邦政府对农药、农肥管理要求都有具体的规范，这些规范由不同政府部门共同实施管理，无需再通过GAP 加以控制。美国食品药品监督管理局与农业部均积极向新鲜果蔬生产商推广美国 GAP 标准，对食品安全危险中有害微生物所造成的影响和农药残余所引起的危害进行严格把控。

美国 GAP 主要特点有：①美国政府对于美国 GAP 的推广态度是积极建议使用，而农业生产者可以根据自身情况来衡量是否实施。②它侧重于新鲜农产品的微生物危害领域，GAP 认证的流程比较简单并且成本可控。③通过对减少新鲜农产品的微生物危害的控制，让生产商、制造者或经销商提高管理意识以防范风险。④美国农业作为典型的大农场主经济，其设施条件比较完备，且美国 GAP 的执行成本也相对较低，因此具备很好的规模经济效益。

3. 日本良好农业规范

2016 年，日本颁布了本国的 GAP，其中，粮食和果蔬产品具有相同的GAP 标准。这两类标准包括一般原则、管理要求、合规标准以及日本 GAP认证清单等几个方面。其管理和标准部分主要涉及农产品安全、环境保护、生产者福利、农业经营管理 4 个方面，并根据管理要求和符合程度划分为必要的、重要的、建议的 3 个级别。日本政府对于参加认定的农业团体实施财政补贴政策。日本的农林水产省给申报 GAP 认证的种植生产者发放了一定的津贴，以充分调动当地农户的积极性；对日本农协团体组织认证则给予一半的费用补助。参与认证的组织和农民大部分都以提升农产品的品质为主要目标。因为日本的个体农民规模相对较小，故日本政府鼓励以团体组织形式进行认证，不提倡对个体农民进行认证，所以财政补贴通常只针对团体发放。在政府的大力支持下，GAP 在日本推广得更为普及。

日本 GAP 主要特点有：①日本 GAP 受到日本政府的扶持和推动，日本政府对认证活动给予较多的财政补贴。②日本 GAP 支持与国际市场接轨的同等效力的 GAP 认证,有利于面向国外销售市场的贸易。③日本存在管理成熟的民间农协组织,能够把零散的农业个体组成认证团体,整体管理成本相对较低。

三、中国农业标准体系

自 20 世纪 90 年代起,中国先后成立 91 个涉农全国标准化技术委员会、分技术委员会,集聚近万名各方面专家,开展农业标准化研究及标准制定、修订工作,不断完善农业标准体系。我国农业标准体系建设以农产品质量安全标准为重点,截至 2019 年 6 月,共制定农业国家标准 3 483 项,备案行业标准 6 467 项、地方标准 21 088 多项,覆盖了农业投入品、农业生产、农产品加工、农产品流通、农产品检验检测等领域,形成了以国家标准为主,行业、地方标准配套,统一权威的农业标准体系;主要负责国际标准化技术委员会、分技术委员会以及工作组秘书处等 6 个机构的工作,并以中国为主承担起草制定国际农业标准 46 项。

健全现代农业全产业链标准,加快构建推动高质量发展的标准体系是我国《国家标准化发展纲要》提出的一项重要任务和目标。随着中国农业供给侧结构性改革不断深化、农业产业融合不断加深、农产品消费日益升级,构建现代农业全产业链标准体系,对支撑农业全产业转型升级和引领农业向高质量发展都具有重要现实意义。围绕国家粮食安全、农产品质量安全、农业绿色生态可持续等重点领域,支持各类标准化技术机构、科研院校、社会团体、农业经营主体等广泛参与标准研制,着力构建全要素、全链条、多层次的现代农业全产业链标准化体系,有效支撑现代农业产业体系、生产体系、经营体系建设,建立适用于高质量发展阶段的现代农业全产业链标准化体系。到 2025 年,实现农业全产业链标准体系更加完善,标准实施更加有效,基础能力有效提升,国际化水平明显提高。到 2035 年,实现农业全产业链标准化体系基本完善,标准覆盖率明显提升,标准供给质量基本满足农业发展需要,支撑保障和引领作用更加凸显。

在中国农业产品质量安全体系认定中,使用广泛的有危害分析与关键控制点（hazard analysis and critical control point，HACCP）、药品生产管理规范（good manufacturing practice of medical products，GMP）和 GAP。这些管理体系认证既符合国内农业的实际的生产和管理要求，又能够和国外衔接，鼓励农业出口。

1. HACCP 认证

HACCP 认证是一个为国际认可的，保证食品免受生物性、化学性及物理性危害的预防体系[16]。这个概念是由美国航空食品制造公司在 20 世纪 60 年代定义的，主要是指企业通过系统的管理，发现、分析食物制造过程中的危险并制定相关的防范控制措施和关键监控区域，从而进行有效监测以保证产品的品质。目前 HACCP 标准已被多个国际机构，如联合国粮食及农业组织（Food and Agriculture Organization of the United Nations，FAO）、世界卫生组织（World Health Organization，WHO）、国际食品法典委员会（Codex Alimentarius Commission，CAC）等广泛接受，成为在全球范围内保障人类食物安全的重要标准。

1991 年，农业部在农产品质量安全领域推行 HACCP 体系，并率先在水产品加工行业进行试点。1999 年，中国水产品质量认证中心获得水产品 HACCP 认证资格，可代表国家对水产品进行第三方公正评价。

2002 年，国家认证认可监督管理委员会（以下简称国家认监委）出台了《食品生产企业危害分析与关键控制点（HACCP）管理体系认证管理规定》，规范相关组织和出口食物加工公司依据国家有关规范建设、制定、确认和检验 HACCP 管理制度，对于出口程度较高的食物生产商实行强制性认定和卫生部门备案结合的方式，须实行强制性认定并到卫生部门备案的商品共 6 类，即罐头类、水产物类（活品、冰鲜、晾晒、腌制品除外）、肉或肉制品、速冻蔬菜、果蔬汁、肉类及水产物的速冻方便加工肉制品。现农业部已将 HACCP 认证作为农产品质量管理的一项措施，纳入到整个农产品质量认证认可体系之中。

2. GMP 认证

GMP 是一套适用于制药、食品等行业的强制性标准，是医药制造企业实施医药制造质量管理体系时应当遵循的基本准则和管理制度，其目的是提高医药制造的品质要求。GMP 作为医药全面品质管理体系的主要部分，要求企业从原料、人员、设施设备、生产过程、包装运输、质量控制等方面按国家有关法规达到卫生质量要求,形成一套可操作的作业规范,可以帮助企业改善卫生环境,及时发现生产过程中存在的问题并加以改善。

GMP 的基本核心是减少食品或药物制造过程中的人为错误,避免食品或药物在制造过程受到环境污染或者导致质量变差。卫生部于 1988 年 3 月发布的《药品生产质量管理规范》是中国进行药品 GMP 认证的基础和依据。颁发医药 GMP 证书是国家法律对医药制造企业和医药品种进行药物监督检验的一项管理制度,是政府部门强化医药制造企业监管的主要内容,也是保证医药制造产品质量的一项科学合理、现代化的手段。

为了正常、有序地开展中国药品 GMP 认证工作,1994 年,由国家技术监督局牵头,卫生部、国家医药管理局、农业部等组成的中国药品认证委员会成立,该委员会是代表国家对药品独立进行第三方公正评价的 GMP 认证机构。随着国务院机构改革,1998 年,卫生部药品认证管理中心更名为国家药品监督管理局药品认证管理中心。2018 年。国家药品监督管理局进行机构调整,由药品监督管理司负责药品 GMP 认证的工作。2019 年 8 月 22 日,《中华人民共和国药品管理法(修订草案二次审议稿)》审议结果出炉:取消 GMP 认证,建立药品追溯制度。

3. GAP 认证

2003 年 4 月,国家认监委首次提出在食品链源头建立 GAP 体系。2004 年,国家认监委组织质检、农业、认证认可行业专家启动了 GAP 标准的编写和制定工作。2005 年 12 月 31 日,《良好农业规范》系列国家标准发布,范围涵盖大田作物、水果、蔬菜、牛羊、奶牛、猪、家禽等产品。2006 年,国家认监委发布《农业良好规范认证实施细则(试行)》,用于规范认证机构对农作物、水果、蔬菜、肉牛、肉羊、奶牛、生猪和家禽生产的良好规范认证活动。为促进中国农产品的出口,国家认监委与全球 GAP 组织协调,在标准制定和互认等方面开展实质性合作。中国 GAP 与全球 GAP 就相互一致性、有效性方面完成了法规、标准文件评估、现场见证、同行评审的评价过程,最后成功完成了互认工作。中国 GAP 认证制度的建立,充分发挥了认证认可的基础作用,对于促进中国农业的可持续发展,增强消费者信心,提高企业农产品安全质量管理自控能力有着重要意义。GAP 认证的国际互认工作,将帮助出口企业跨越国外技术壁垒,有效提高中国农产品的国际竞争力,有利于促进中国农产品出口。

四、中药材生产质量管理规范

为贯彻落实《中共中央国务院关于促进中医药传承创新发展的意见》,推进中药材规范化生产,加强中药材质量控制,促进中药高质量发展,依据《中华人民共和国药品管理法》《中华人民共和国中医药法》,国家药品监督管理局、农业农村部、国家林草局、国家中医药局研究制定《中药材生产质量管理规范》,于2022年3月1日发布,并于发布之日起实行,推行中药材规范化、标准化、科学化栽培种植,进一步规范生产中药材的全过程管理。

《中药材生产质量管理规范》指出,各省相关管理部门应依职责对本规范的实施和推进进行检查和技术指导。农业农村部门牵头做好中药材种子种苗及种源提供、田间管理、农药和肥料使用、病虫害防治等指导。林业和草原部门牵头做好中药材生态种植、野生抚育、仿野生栽培,以及属于濒危管理范畴的中药材种植、养殖等指导。中医药管理部门协同做好中药材种子种苗、规范种植、采收加工以及生态种植等指导。药品监督管理部门对相应的中药材生产企业开展延伸检查,做好药用要求、产地加工、质量检验等指导。明确国家相关部门在贯彻实施《中药材生产质量管理规范》过程中的职责,符合中药材生产管理的实际,有利于《中药材生产质量管理规范》加快推广实施。

企业对基地生产单元主体应当建立有效的监督管理机制,实现关键环节的现场指导、监督和记录;做到统一规划生产基地,统一供应种子种苗或其他繁殖材料,统一肥料、农药或者饲料、兽药等投入品管理措施,统一种植或者养殖技术规程,统一采收与产地加工技术规程,统一包装与贮存技术规程。只有坚持中药材生产的"六统一",才能确保每批中药材质量的一致性。

1. 建设中药材生产基地
企业可采取农场、林场、公司与农户或者合作社合作等组织方式建设中药材生产基地。中国各地情况不一,有利于各地结合中药材产地实际,建设富有当地特色的中药材生产基地。

2. 加强中药材生产诚信体系建设

掺杂、使假、使用禁限用农药等不诚信行为,必然会危害中药材临床用药安全,扰乱中药材市场。企业应当坚持诚实守信的原则,禁止任何虚假、欺骗行为,加强中药材生产诚信体系建设,以保证中药材最终成品质量和中药材临床用药安全,推动中药材生产的可持续发展。

3. 建立中药材生产质量追溯体系

企业应当运用现代信息技术建立中药材生产质量追溯体系,保证从生产地块、种子种苗或其他繁殖材料、种植养殖、采收和产地加工、包装、储运到发运全过程关键环节可追溯,有利于中药材质量控制,改进中药材生产质量。

4. 加强文件体系建设

企业应当建立文件管理系统,保证全过程关键环节记录完整。《中药材生产质量管理规范》对种植技术规程、肥料使用技术规程、突发性病虫害等的防治预案、农药使用要求、野生抚育和仿野生栽培技术规程等的制定均提出了具体要求。技术规程、管理规程、操作规程、质量标准等规范覆盖了生产环境、种源、种养殖过程、采收加工、包装、存储、运输等中药材生产全生命周期的关键环节,是确保中药材质量的指导性文件,是贯彻《中药材生产质量管理规范》的根本保障。

Chapter Three

第 三 章

中药材质量溯源现状

中药材质量追溯是指对中药材种植、产地加工、生产加工、流通和使用等环节进行全过程质量追踪和监管，以期实现对中药材或其产品的相关质量信息的完整记录、查询和溯源。中药材质量追溯体系溯源内容应具体翔实，其产品码（批次、条形码、二维码、ID 号段）具有唯一标识性，可回溯某个实体的来历、生产情况、用途和位置，溯源节点与产品码对应关联。

20 世纪末，食物安全管理问题日益突出，食源性疫病对社会的影响很大，如疯牛病在欧美国家大量爆发，禽流感等家畜疫病在全球范围内传播等，食物安全监管问题成了社会舆论关心的焦点问题。继而，农产品质量安全问题逐渐被重视，完善农产品质量监管体系被提上议事日程，建立农产品质量可追溯系统是控制农产品质量安全的有效手段。国际食品法典委员会将可溯源体系概念描述为市场发展不同的信息流系统的持续性保证机制，包含信息内容可溯源性和商品的可溯源性。美国农业部第 830 号《农业经济调查报告》第一次将食品可溯源系统按照深度、宽度和精确度 3 项准则加以评估。其中深度是指系统所涵盖的信息内容范围，宽度是指系统能够往前或向后追踪信息内容的距离，精确度则是指系统能够判断问题根源以及商品某种特征的能力。通过农产品质量的数据信息，追溯系统可以连接农产品质量的全链条，有效解决各环节之间信息含量不对称的问题，构建全环节的产品质量信息交换体系和安全责任惩戒机制。

中药材质量可追溯体系的定义最初是在第三次中医药现代化国际技术会议上提到的。中国多部委在 2012 年共同印发了《关于开展中药材流通追溯体系建设试点的通知》，把全国中医药质量与可追溯系统的建立提高到了国家战略高度。中医药产品质量可追溯系统是有效管理中医临床及药物安全风险的工具，具体来说，就是通过运用物联网等现代技术，做到从田间到病人全过程，包括中药材栽培、产地初加工、中药饮片生产、深加工、销售运输、临床应用等各个环节关键信息的跟踪和回溯。中医药追溯系统的建设与推进，可以提升产品营销主体的安全性、责任意识，保证中医药品质，对推动原料制造基地、物流配送基地的建立，带动公司集约化、规模化生产运营，推动公司优胜劣汰、有序竞争，提高公司的品质声誉和产业影响力，开拓海外市场有着非常重大的意义；可以让不同来源的同类中药材和饮片之间的品质水平差距更为透明，让医药类产品优质优价，使一般民众更明白消费,同时促进经销商的经营活动,形成良性循环;还可作为行政监察部门提出分类、决策与引导的重要依据,增强监督力量,有效规范中药材市场秩序,从而实现中成药全过程问责制。因此,建立中医药质量追溯体系是确保广大消费者吃上放心药的重大民生系统工程,同时也是对国家及未来中医药行业健康长远发展的重要要求。中药材除资源分布、功能用途和服务对象具有特色之外,仍具备着普通农作物的基本特征,在建立中医药质量追溯体系时可参考国外农产品质量安全与可追溯性管理体系建立的先进经验,了解中国相应的质量管理体系和技术标准,因地制宜,根据建设需要,构建具有中国特色的中药材质量安全和可追溯管理体系,真正做到生产可记录、信息可查询、流向可跟踪、质量可追溯。

一、中药材溯源发展情况

中医药讲究历史传承与地道。道地药材(或称"地道药材")是指那些历史悠久、品种优良、产量宏丰、疗效显著、具有明显地域特色的中药材。道地药材的形成离不开优良的种质资源、适宜的生态环境、规范的生产加工、优秀的中华人文,四者缺一不可。

中国中医药有着几千年的发展史,已成为世界上最大的中医药输出国。但与之不匹配的是,中国中医药产品一直处于粗放式经营状态,加之国际上中医药产品使用量的增大和国内传统医药产品中重大质量事故的出现,把中医药安全问题推向了风口浪尖。近年来因道地药材资源短缺,加工费用随之增长等,一大批中国药农开始转向人工栽培中药材。在高利润的驱动下,他们忽视了种源质量、栽培技术、加工技术等,从播种、采集、炮制、加工、包装、运输、储藏到最后的市场售卖,各个环节都存在着质量方面的安全隐患。中医药市场也相对较乱,如炮制粗糙、以假乱真、以次充好、人为添加、药物不地道等现象持续存在,导致中医药产品质量降低、效果不佳,这不但使合法公司和经营户的合法权益受到了损害,更危害了全国人民的用药安全,使国家中医药的安全面临着巨大的考验,影响了人们对中医药的信心,甚至成为中医药事业走向世界的绊脚石。所以,构建全国中医药事业从种植到消费的产品质量可追溯系统,并通过信息系统的录入、检索与问题产品质量跟踪等功能,进行全过程的产品质量追踪和追溯管理,对促进全国中医药事业现代化进程有着关键的意义。进一步强化中医药产品质量管理,制定和健全中医药种植规范与标准势在必行。

1. 国家级中药材追溯平台正在建设

为规范中医药流通领域市场秩序,加速推进中医药流通领域现代化,中国正在以中医药产品质量追溯管理系统为重点,建立覆盖中医药制造、加工、包装、储存、物流、贸易领域的全面现代化管理系统。2009 年,商务部规划并建立了面向全国的中医药流通领域追溯体系,通过这套系统,消费者可以在网络、药店等终端获取信息,了解所购买中药材的生产、流通环节的情况。2010 年,中央机构编制委员会办公室正式确定商务部为中国医药流通领域的业务主管部门,至此,长期以来中医药交易市场由中国多个地方政府部门共同负责管理的局面得到统一规范。

2012 年,商务部办公室、财政部办公室联合下发了《关于开展中药材流通追溯体系建设试点的通知》。同一时期,商务部还发布了一系列标准,包括《国家中药材流通追溯体系主体基本要求》《国家中药材流通追溯体系统一标识规范》《国家中药材流通追溯体系技术管理要求》《国家中药材流通追溯体系建设规范》《国家中药材流通追溯体系设备及管理要求》。这 5 个标准明确了中医药流通溯源系统中所有商品流通环节(包括中医药种植业与加工公司、中医药饮片产品经营公司、医院和连锁零售药房等)的总体设计标准及其在基本数据管理、溯源管理、过程管理、数据收集等方面的基本规定,为中医药流通溯源系统的建立提出了技术标准和管理指导。2018 年,工业和信息化部进一步推动中医药社会保障服务网络平台的建设以实现基于数据信息的资源共享接口需求,并逐步完善优化服务网络平台的构建方法,致力于打造一个集产品加工、质检、仓储物流配送、电商和溯源管理系统于一体的中药材供应保障服务平台。

2. 省级中药材追溯系统正在探索

商务部、财政厅从 2020 年开始分批支持全国 13 个省(自治区、直辖市)进行中药材生产流通溯源系统工程建设试点工作,已覆盖约 2 000 家公司、近 35 万个经销商,以信息化技术倒逼中药材源头管理工作。各地按照中国商务部发布的《关于加强 2018 年重要产品追溯体系建设工作的通知》和《重要产品追溯管理平台建设指南（试行）》，建立了中医药重点商品追溯信息管理平台。比如，2016 年，河北省安国市建立了药材流通追溯体系，并通过了商务部的考核；建立了以专业交易市场为中心的追溯平台和服务中心，可完成从药材的种植、流通加工，到饮片制造，再到营销终端的溯源信息的全面覆盖。山西省也得到了此项政策的扶持，至 2018 年已建成 7 家试点企业、12 个中药种植基地和 5 个大型仓库信息系统，完成 3 种中成药、数十种道地中药的生产信息追溯工作。信息化溯源系统的建立，有效推动了中药材行业发展，帮助实现农户增收。信息可追溯的商品中药材也逐渐表现出了竞争优势，部分信息可追溯商品甚至获得了长期订单。

3. 企业自主建立追溯系统初步尝试

部分公司从 2007 年开始进行自主建设国家中医药种植溯源管理与追溯体系的初始尝试。例如，中国中药有限公司委托成都中医药大学数字医药研究所开展国家中医药溯源体系建设并在所属分公司开展了示范工作。2016 年，该体系开始在中国中药协会的中医药溯源服务平台执行。2017 年，中国中药协会组建了中药追溯专业委员会，以建平台、促追溯、护品牌为总体目标，将溯源工作与企业品质管控、公司品牌战略等相互融合，使得溯源工作迅速起步并落到了实处。各方企业开始着手组织研发并建立适合中医药实践、具备可操作性的溯源标准。2019 年，3 个中医药溯源规范团标准正式出台，弥补了国内外中医药溯源规范的空缺。目前，中国存在企业自建、第三方委托、协会机构推广等多个溯源系统构建形式，也开展了中医药产品全过程跟踪和分段溯源等诸多尝试，构建手段及编码方式丰富多样。

二、道地药材溯源的发展机遇

1. 国家高度重视道地药材发展

中药材资源是具有巨大发展潜力的独特经济资源、具有原创优势的生产技术资源、良好的社会文化资源、重要的环境生态资源。针对中国民众日益增长的美好生活需求，以及中医药行业发展不均衡、管理不完善等之间的问题,中国出台了多项中医药发展战略规划。由于中药材资源是国家保障和服务全国中医药事业健康发展的核心物质基础,故各政府部门制定的政府文件中多有关于推动道地中药材的保存与发扬的内容。

2015 年 4 月 14 日,国务院办公厅转发了工业和信息化部、国家中医药管理局等 12 部门编制的《中药材保护和发展规划(2015—2020 年)》(国办发〔2015〕27 号),明确提出大力推动传统技术挖掘、科技创新和转化应用,促进中药材科学种植养殖,切实加强中药材资源保护,减少对野生中药材资源的依赖,实现中药产业持续发展和生态环境保护相协调。

2016 年 12 月 25 日,《中华人民共和国中医药法》(以下简称《中医药法》)由第十二届全国人民代表大会常务委员会第二十五次会议通过,自 2017 年 7 月 1 日起施行。《中医药法》完善了国家建立道地中药材评价体系,支持道地中药材品种选育,扶持道地中药材生产基地建设,加强道地中药材生产基地生态环境保护,鼓励采取地理标志产品保护等措施保护道地中药材。

2018 年 12 月,农业农村部、国家药品监督管理局、国家中医药管理局印发的《全国道地药材生产基地建设规划(2018—2025 年)》(农农发〔2018〕4 号)明确提出,要发展道地中药材标准化生产体系,基本形成道地中药材标准体系,建设涵盖主要道地中药材品种的标准化生产基地,全面加强道地中药材管理,等等。

2019 年 5 月,商务部等七部门联合颁布了《关于协同推进肉菜中药材等重要产品信息化追溯体系建设的意见》(商秩字〔2019〕5 号),明确提出要对重点商品追溯,实行动态信息目录管理,完善数据监控和审计年报管理制度,要充分发挥信息认证功能,推进有关认定管理机构将溯源标准列入考核指标。

2019 年 10 月,《中共中央、国务院关于促进中药继承创新发展的意见》在加大中医药质量各项任务中明确提出规划道地药材基地建设,引导资源要素向道地产区汇集,推进规模化、规范化种植;探索制定实施中药材生产质量管理规范的激励政策;倡导中医药企业自建或以订单形式联建稳定的中药材生产基地,评定一批国家级、省级道地药材良种繁育和生态种植基地;健全中药材第三方质量检测体系;加强中药材交易市场监管;深入实施中药材产业扶贫行动;到 2022 年,基本建立道地药材生产技术标准体系、等级评价制度。

2020 年 2 月,农业农村部在《2020 年种植业工作要点》(农办农〔2020〕1 号)中明确提出进一步落实《全国道地药材生产基地建设规划(2018—2025 年)》,认定认证一批道地药材产品生产基地,并促进中药材生产向道地优势产区集中。

2021 年 2 月,国务院办公厅印发《关于加快中医药特色发展的若干政策措施》(国办发〔2021〕3 号),措施中明确把实施道地中药材提升工程作为实施中医药发展的重大工程之一。

2. 道地药材研究取得全新进展

在科技部和国家中医药管理局的共同支持下,国家重点实验室培训基地的道地中药基础研究取得了阶段性进展,提出了道地中药材产生的逆境效应、特化基因型、独有的化学特征等三个模型学说,并进一步证明了道地中药材产生模型的正确性,为中药材高质量发展奠定了理论基础,提供了标准规范和生产技术方法等基本前提条件。

国家重点实验室培训基地紧密围绕道地药材基础理论与成果转化应用开展研究,针对道地药材形成过程中遗传成因、环境成因、物质基础和中药道地性与其药效相关性 4 大关键科学问题,形成了道地药材鉴别与评价、生态遗传规律及形成机制、保护模式 3 个研究方向,并引入生物学、生态学、化学、药理学和医学等多个现代科学研究方法开展多学科交叉研究,阐释了中药材道地性的遗传、环境及其交互作用机制和其独特化学成分的形成机理,揭示了中药材道地性的物质基础及其形成的科学内涵。

3. 数字化为道地药材追溯提供技术支撑

互联网、区块链、大数据分析等先进科技将对中国中药材产品企业的快速发展产生巨大的推动作用。国务院印发的《"十三五"国家信息化规划》明确提出,要建立现代信息技术和产业生态体系,强化战略性前沿技术超前布局,立足国情,面向世界科技前沿,重点突破信息化领域的技术建设,并超前布局前沿技术、颠覆性技术。

为提高源头药材质量,可通过数字化赋能强化中药材种植、生产、加工、流通等全过程的质量管控。例如,区块链是将点对点通信信息技术与密码技术相结合,以实现信息化消息储存、管理的新架构与技术手段,按照各种数据的输入方法以及参与者的不同可分成公链、联盟链、私链,可为道地药材生产、消费等全过程的信息溯源提供保障,从而改善信息不对称等问题。物联网技术是近年出现的一项新连接模式信息技术,它是在每件物品上配置感应器部件、微电脑芯片和无线网络接收设备,进而实现已有物品和既有的网络数据的信息链接、消息互联。二维码信息技术是一项利用一个特殊的几何结构形状,按照一定规则在二维方位上散布的黑白相间的形状,以录入各种数据与字符消息的科学技术。二维码的生产成本低、使用灵活,可以使用专门的标识技术在手持终端进行扫码查找,或通过扫描手机二维码、数字译码等方法获取溯源码,从而实现溯源数据信息传递。电子标签具备抗磁、防水、耐热、读写距离较远、可重复使用等优势,并通过采用溯源标记信息内容(如二维码、RFID)的转化技能,打通从该生产信号所在子节点到根节点之间的信息内容传递途径,从而更加简单地处理生产周转环节信息的收集、更新。以大数据、云计算、物联网、地理信息等数字技术为切入口,可以引导中药材的转型升级,同时将科技创新成果转化到中药材的生产种植中,推动中药材产业的发展。

三、道地药材溯源地面临的问题

　　某个道地药材如果脱离了其独特的产区就很难再被称为道地药材。孙思邈在《备急千金要方》中就提到,"用药必依土地"。中药材的地域性不仅限制了道地性药材种植的地理范围,而且意味着其所在地有着特殊的生态环境。现阶段,随着中国社会经济的发展,各产业对资源的需求和开发利用能力日益增强,部分地区野生道地中药材资源总量下降、产区减少,这提示道地中药材的产区保护管理等工作亟需地方政府部门的关注与完善。中药材的人工栽培是缓解市场供需矛盾的有效手段。中药材产业经济发展中存在着药用资源与产地有限、社会供应量过大、资源供需不均衡等几个方面的冲突。在道地药材的农业人工生产过程中,怎样遵循顺境出生产、逆境出品质的准则,解决好道地药材农业生产中人工栽培区域自然环境和野生产地自然环境不同的实际问题,以及怎样在合理使用野外资源的同时维护好产区自然环境,实现人工栽培环境与自然环境保持一致或接近等问题,对如何利用好产区的资源以保证供求平衡、实现中药材的高质量发展和可持续性发展提出了更高要求。

1. 道地药材评价体系仍需完善

道地药材兼具药用属性、自然属性、社会属性等方面的特点,在药用、时限、空间层面上有着与其他药物不同的表现效果,因此关于道地中药材的品质评判标准也较为复杂。通过第三方检测机构或内部检验部门对中药材某一方面的指标进行检测的成本相对较高,且其往往只负责对被送检的抽样样品进行管理。而在实际工作中,更需要的是把控药材品质的均一性以及提高检验工作的普适性。许多道地药材在临床使用中有多种作用,若只以少数或个别成分的浓度高低作为品质评判的重要依据,便无法体现道地中药材复杂的总体情况。

因此,古人通过长期实践优选制,以出自某个地方作为判断是否为优良药物的标准,但这种标准是不全面、不完善的,有关道地药材品质评判的现代规范体系仍亟待建立健全。究竟怎样才能客观准确、全方位、大批量、方便快捷、低成本地评判道地药材的质量优劣,克服道地药材评判规范的综合性、复杂性以及与中医药产业高速发展的步伐不相适应等问题,还需进一步探讨。

2. 道地药材溯源信息容易失真

道地中药材的过程信息缺少全程可追溯性,容易失真,这主要是以下两方面原因导致的:①多数消费者无法辨别道地药材与普通药材之间的区别,也不了解药物的产品来历,市场上以非道地产区的药物假冒道地产区药物、以次充好的情形时有出现。中药材的生产主体与消费者之间基本缺乏大数据互动或数据交换的条件,一般消费者对道地药材生产过程信息以及产品来源无法掌握。②在实际道地药材溯源操作中存在流于表面的情况,甚至将全程溯源工作全权交由某些具有溯源资质的软件公司制作,缺乏溯源的真实性。道地药材性状复杂,溯源信息造假也很难监测出来。

因此,利用现代信息技术和制度管理手段,在适应市场经济发展和消费者需要的同时,克服市场信息不对称的问题,营造良好的市场经济环境和秩序,是行业发展中遇到的又一个挑战。这需要行政管理机关制定关于监督管理的强制性政策措施,与有关生产经营市场主体、第三方组织以及监督管理机关协调合作,共同打造道地药材的优质信誉和保障制度。

3. 道地药材溯源系统建设成本较高

目前我国只有部分在管理、技术和资金等方面均有较明显优势的企业在研发并使用质量可追溯系统。中药材企业要实现质量安全可追溯,必须配备相应的硬件和软件,但系统开发建设和维护费用巨大。质量追溯系统建设费用高昂的影响因素大致有以下几点:①建设药材质量溯源系统需要配备一定的物联网设备,并对管理人员开展专门的技术培训,投资成本相对较高。②质量追溯管理在技术开发方面需要大量人力、物力和财力来实施多个环节的监督和审查。③加入流通溯源管理后原有生产流程被延长,需要进行中间过程审查以保障道地药材产品质量,导致整体生产效率下降。

建立道地药材溯源系统会增加企业的人力和物力成本。中药饮片追溯周期长,建立完整的中药饮片信息化追溯链条意味着每个环节阶段都需要不同技能的专业人士参与。对于企业来说,除成本增加外,还将面临更加严格的监管,其积极性自然不高。

4. 道地药材品牌价值有待提升

从专利的角度来看,道地中药材用药知识是公开宣传的一种既有智力成果,并不处于现行专利法律规定的保护范围之内。从市场行为角度来看,中药材种植户数量庞大、分布区域广阔,受物价波动及社会舆论影响,对生产经营实践活动的影响随机性较大;在药品订单执行过程中,可能出现由于市场价格波动和逐利动机而违规的情况,农户以及公司的利润都没有保证,严重影响了生产的积极性。从政府制度的角度来看,优质药材必须经第三方机构加以认定或证明,方可反映其经济效益和市场商品价格,限制了道地药材优质优价的产品发展空间。而这些,都将导致道地药材生产主体在创新发展投入、品牌建设与高质量发展方面的动能缺失。品牌是一个企业、区域竞争实力和发展潜力的集中体现,从品牌打造方面提升道地药材价值,对于推动道地药材的发展有重要意义,也是目前道地药材高质量发展面临的一个重要挑战。

四、道地药材溯源发展趋势

中药材栽培管理工作大多采取人工监管模式,即在生长发育期内,通过人工监测药用植物生长发育、病虫草害等自然状况,并根据经验人工控制水肥供给、药剂喷淋以及植物的生长发育状况。这种传统中药材产业发展需要巨大的技术和成本的投入,同时还存在土地资源使用率低、农药使用量大等弊端。

随着现代经济和科技手段的高速发展,一个以计算机技术与生物科技融合为重点的新农业技术大潮在全世界范围内掀起。以5G技术、新型人工智能、云计算技术为代表的新技术已开展并实现了与农业的深度融合,形成了现代农业发展模式。现代农业发展模式主要涉及道地药材信息收集、生长模型构建、智能管理与决策、全过程质量安全追溯等方面的内容,先通过先进遥感识别技术精确掌握病虫害情况、气温湿度、水肥状况、土壤环境、植物生长与发育情况等信息,从而完成对农业生产信息的实时监控;再利用大数据分析和人工智能技术对海量的监控结果进行迅速的处理分析;随后专家决策系统会针对处理结果自动进行准确评估、精确调整、远程管理;智能农机在收到决策系统信息后即可进行精细化育种、高效水肥分配和环境资源按需分配等管理工作,从而实现改良农产品生长发育环境,提升农业产出效益,合理使用土地资源,减少生产成本。需要注意的是,以信息技术为基础的现代农业发展模式并不是对中国传统农村科学技术生产经营方式的否决,而是对其的改进和发展,更是对传统生产劳动力的解放。

围绕道地药材生长信息收集、生长模型构建、智能管理与决策、全过程质量安全追溯等关键环节,道地药材溯源发展将从以下4个方面技术进行阐述。

1. 物联网信息快速采集技术

物联网技术在农业发展中的应用,是提高农业生产效率和农业信息化发展水平不可或缺的选择。物联网信息技术,指不同的智能感应器、射频识别设备、光感扫描仪和地理信息技术智能装置通过特定的统一协议,把生产过程中有关作物的各种指标及生长状况与网络相连接,进而实现交流沟通、智能辨识、定位、追踪、监测和管控。物联网信息技术可以帮助生产工作人员实现对各个领域的相关操作和控制,精确收集种植基地的空气温度、空气湿度、土壤水分、肥力状况、植物病虫害等信息(此类信息受其他因素影响大、变动频繁、收集困难),监控环境参数、作物长势、水肥质量等,有效防治农业病虫害,保证道地药材良好生长。

2. 道地药材 GAP 标准化模型

道地药材 GAP 标准化模型主要研究道地药材的属性与环境因素的关系,对于改善药用植物生长发育机理及控制灌溉施肥都有着重要意义,有助于指导中药材种植基地和农户根据环境因素培育道地药材,保证中药材质量的稳定性;同时可进一步揭示真正的药材属性的分布规律,探索道地药材形成的规律,有助于中医药理论的发展和应用。GAP 标准化模型在研究道地产地环境因子与道地药材性状关系的基础上,建立道地药材性状组合预测模型,从而可以根据环境因子差异对道地药材适宜品种进行预测。

3. 精准农业技术设备集成

精准农业的思路是在掌握各种土地的土壤特性和作物的生长发育特点的基础上,探索出最佳的栽培方法,并通过品种选用、施肥、调节水分等方法最终达到在中药材生产过程中获得最大的经济效益和环境效益的目的。精准农业的原理是利用遥感技术和地理信息技术监测植物实时的环境参数,如土壤水分含量、土壤温度、室内空气相对湿度和温度、光照度等,并通过云计算、大数据分析、数据传输等先进技术手段进行信息计算与传输,以可视化的图形展现给使用者,再通过农业智能专家系统科学决策出最优的处理方法,有效控制智能农业机器,实现浇水、降温、卷膜、肥料施肥、喷药等技术操作,从而做到对生产的全程观察、定量决策和精确投放。精准农业以数据信息为基准,可以对施肥量做出正确判断和调整,避免过度使用化肥,从而减少浪费,防止土壤受到污染。精准滴灌装备中安装有遥感装置,可检测土壤水分,计算作物的需水量,将作物所需的水分和养分缓慢地滴入作物的根系土壤。滴灌技术不破坏土壤结构,使土壤内的水、肥、气、热量维持在良好状态,可降低土壤水分损失,减少地面径流,防止土壤深层漏水。总的来说,精准农业通过客观数据分析做出判断并采取相应措施,既可以减少人为因素带来的差错,又可降低农作物品质下降的风险。

4. 中药产业全过程溯源管控

中药材的品质受产地、采集工艺、炮制方式和贮存条件等多种因素的综合影响,很容易产生质量差异。中药材质量管理的终极目标是确保中药材使用的安全性与有效性,而构建从农田到消费者的中药材全产业链质量保障管理制度与追溯系统,可全面提升中药材产品质量,有效提高产品竞争力,推动中药材行业的有序整合。

中药材全产业链质量保障管理制度的构建思路为:根据良好农业规范(GAP)、药品生产管理规范(GMP)和药品经营质量管理规范(good supplying practice,GSP)的技术特点,以中医药产品为核心内容,向行业上下游拓展,构建以GAP(道地药材制造)—GMP(中药炮制及饮片生产)—GSP(中药饮片流通领域使用)为主线的全新的中药材全产业链质量保障管理制度(图3-1)。需要注意的是,虽然GAP、GMP、GSP都包含中药材产业体系全部的品质控制点和信息系统,但各节点、系统相对单一,不能单独构成一个完整的信息网络体系。

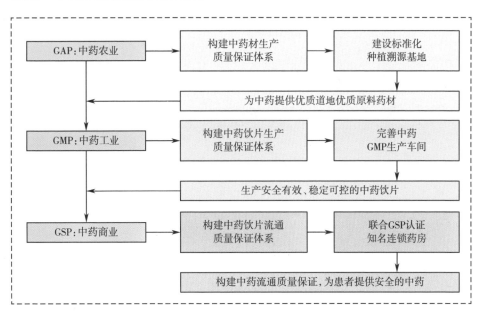

图 3-1　中药产业全过程溯源管控

Chapter Four

第 四 章

南药溯源共性技术

一、编码与标识技术

1. GS1 编码体系

美国统一代码委员会（Uniform Code Council, UCC）于 1973 年创建了 GS1（globe standard 1）系统，并在 1974 年首次在开放贸易中应用标识代码和条码。国际物品编码协会（EAN International）于 2005 年更名为 GS1，即欧洲物品编码协会。该协会在北美以外的地区开发并使用了与之兼容的系统。GS1 逐渐明确了数据结构与条码，主要使用 13 位的数字编码，并可以兼容 UCC 系统，使得 GS1 系统能够在全球范围内快速发展[17]。

GS1 的追溯流程主要由以下四大环节构成：标记新产品、采集物流信息、记录信息（包括入库产品和出库产品的链接），并与其他贸易合作伙伴共享信息，这样就可以实现产品可追溯。GS1 系统支持产品、位置、资产和服务信息的有效标记、采集与共享，还可以提供准确的代码，以确定在世界各地的产品、服务、资产和地点，这些代码可以由业务流程所需的电子阅读的条形码符号表示。

GS1 系统以贸易项目、物流单位、地点、资产、服务关系等编码为基础，由编码系统、数据载体和电子数据交换三部分组成，从标识层、数据交换层、物流信息采集等方面，为现代物流信息系统的构建与使用提出了全新的解决方案，现被广泛应用于全球贸易流通、物流供应链管理和电子商务流程。

GS1 编码系统主要包括标识代码和附加属性代码（图 4-1）。标识代码包括以下 6 种：全球贸易项目代码（GTIN）、系列货运包装箱代码（SSCC）、供应链参与方位置代码（GLN）、全球可回收资产标识（GRAI）、全球服务关系代码（GSRN）、全球单个资产标识（GIAI）。

（1）GTIN 是编码系统中使用最广泛的识别码，是一种为全球贸易项目提供唯一标识的代码（称为代码结构）。GTIN 有四种不同的代码结构：GTIN-14、GTIN-13、GTIN-12 和 GTIN-8。对于不同包装形态的产品，这四种结构都能实现唯一编码，但不管应用在何种贸易项目领域，所有识别码都必须完整使用。完整的产品识别码确保了各领域的全球统一性。贸易项目

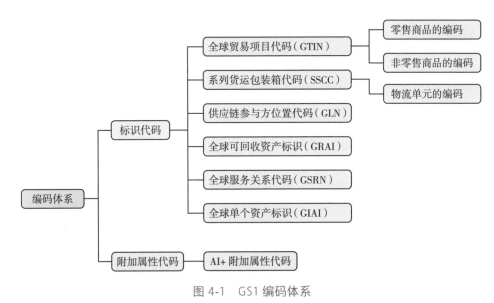

图 4-1　GS1 编码体系

的编码和符号则表示了能够实现零售（POS）、采购、库存补货、销售分析等业务操作的高度智能化。四种 GTIN 代码结构如图 4-2 所示。

GTIN-14	包装指示符	包装内含项目的 GTIN（不含校验码）		校验码
代码结构	N_1	N_2 N_3 N_4 N_5 N_6 N_7 N_8 N_9 N_{10} N_{11} N_{12} N_{13}		N_{14}

GTIN-13 代码结构	厂商识别代码	商品项目代码	校验码
	N_1 N_2 N_3 N_4 N_5 N_6 N_7 N_8 N_9 N_{10} N_{11} N_{12}		N_{13}

GTIN-12 代码结构	厂商识别代码	商品项目代码	校验码
	N_1 N_2 N_3 N_4 N_5 N_6 N_7 N_8 N_9 N_{10} N_{11}		N_{12}

GTIN-8 代码结构	商品项目识别代码	校验码
	N_1 N_2 N_3 N_4 N_5 N_6 N_7	N_8

图 4-2　GTIN 的四种代码结构

（2）SSCC 是唯一标识物流单元（运输和 / 或存储）的代码，并且是全球唯一的。物流单元识别码由分机位、制造商识别码、序列号和校验码四部分构成。这是一种 18 位数字代码系统，以 UCC/EAN-128 条码符号表示。SSCC 的代码结构如图 4-3 所示。

结构种类	扩展位	厂商识别代码	系列号	校验码
结构一	N_1	$N_2N_3N_4N_5N_6N_7N_8$	$N_2N_3N_4N_5N_6N_7N_8N_9N_{10}N_{11}N_{12}N_{13}N_{14}N_{15}N_{16}N_{17}$	N_{18}
结构二	N_1	$N_2N_3N_4N_5N_6N_7N_8N_9$	$N_{10}N_{11}N_{12}N_{13}N_{14}N_{15}N_{16}N_{17}$	N_{18}
结构三	N_1	$N_2N_3N_4N_5N_6N_7N_8N_9N_{10}$	$N_{11}N_{12}N_{13}N_{14}N_{15}N_{16}N_{17}$	N_{18}
结构四	N_1	$N_2N_3N_4N_5N_6N_7N_8N_9N_{10}N_{11}$	$N_{12}N_{13}N_{14}N_{15}N_{16}N_{17}$	N_{18}

图 4-3　SSCC 的代码结构

（3）GLN 是给参与供应链等商业活动的法律实体、功能实体或者物理实体做出唯一标记的代号。参与方的位置代码由厂商识别代号、地址参考代码及校验码所组成，以 13 位表示（图 4-4）。

结构种类	厂商识别代码	系列号	校验码
结构一	$N_1N_2N_3N_4N_5N_6N_7$	$N_8N_9N_{10}N_{11}N_{12}$	N_{13}
结构二	$N_1N_2N_3N_4N_5N_6N_7N_8$	$N_9N_{10}N_{11}N_{12}$	N_{13}
结构三	$N_1N_2N_3N_4N_5N_6N_7N_8N_9$	$N_{10}N_{11}N_{12}$	N_{13}

图 4-4　GLN 的代码结构

（4）GRAI 为针对资产识别的识别码之一，用来辨识可回收资产。全球可回收资产标识的编码由必备的 GRAI 和可选择的系列号构成，其中 GRAI 由填充位、厂商识别代码、资产类型代码、校验码组成，为 14 位数字代码。当唯一标识特定资产类型中的单个资产时，在 GRAI 后加系列号。系列号由 1~16 位可变长度的数字、字母型代码构成。

（5）GSRN 可用来识别服务关系中接受服务的一方。它为服务提供者提供了一个全球唯一的识别代码，用于存取与为服务接受者提供服务有关的资料。全球服务关系代码由厂商识别码、服务对象代码和校验码三部分组成，为 18 位数字代码。

（6）GIAI 为 GS1 针对资产识别的识别码。GIAI 常用来辨别公司内部需要被特别识别的固定资产。

2. 条码技术

条码是一种信息代码，是由一个个长度不同、反射率也不同的长条和空按规定的编号规则组合在一起，用以表示一个数据的所有字符信息，使用相应的识读设备可以读取条码信息；而对应的字符部分则由一组阿拉伯数字所构成（图4-5）。由于条码中的字符都和条码相符，所表示的信息内容也相同，因此条码能够对扫描光形成不同的反射与接收效应，并在读取条码的光电变换装置上转换成不同的电脉冲，从而产生可传送的电子信息。这是一个独特的代码系统，由光电扫描装置读出并把数据传送到电脑。条码技术可以标识和描述商品，克服了数据录入和采集的难题，为供应链管理提供了有力的技术支撑。因此，条码技术是现代企业进行产品溯源系统、电子数据交换（electronic data interchange，EDI）系统、电子商务和现代供应链管理等系统技术开发的基础，是企业进行管理现代化、提升企业市场竞争力的重要技术手段。

图 4-5 条码结构

在仓库管理功能模块中使用条码技术的好处是，无论产品进入仓库的哪个地方，都能够扫描到产品包装上的条形码，自动记录产品信息流向，可随时随地了解产品仓库情况。条码技术与信息处理技术的结合，能帮助我们合理、有效地利用仓库空间，优化仓库作业，实现有效准确地自动化采集仓库到货检验、入库、出库、调拨、移库移位、库存盘点等各个作业环节的数据，确保企业准确掌握库存的真实情况，合理控制库存。此外，利用科学编码也方便企业管理物品的批次和保质期。

在配送管理功能模块中，订单信息首先被传送到仓储中心，然后由打印机打印输出条码和拣货单。仓库操作员将条码贴在箱子上，将拣货清单放在包裹内。在拣选过程中,只要包装箱到达指定货架,自动读取设备就会立即读取条码内容,自动进行配送。根据拣货单的要求,工作人员将选中的产品放入包装箱,装载产品的包装箱将依次被移入下一个货架。所有操作完成后,工作人员通过自动分拣系统将有条码的包装箱传送到规定的发货口,然后转入发货流程。条码技术在现代物流配送体系中的应用极大地提高了物流配送的效率与速度。

和其他信息技术对比,条码作为一项图像识别技术,具备如下特征:

(1)简单:条码符号制作方便,扫描操作简便易行。

(2)信息收集速度快:计算机键盘的记录速度通常为 200 字符 /min,而利用条码扫描机器记录信息的速度约为普通键盘记录的 20 倍。

(3)应用灵活:条码符号是一个辨识手段,可以独立应用,也可以和有关装置组成识别系统进行自动识别,还可以与其他控制装置联系在一起对整个控制系统进行智能化管理。而且,在没有自动识别装置时,也能够通过键盘人工输入。

(4)设备结构简单、投入少:条码符号辨识设备的结构简单,容易上手,不用特地训练。和其他智能化技术相同,推广应用条码技术所需的成本也较低。

条码技术在溯源上的应用效果主要体现在以下几个方面:①大大提高了效率,缓解了工作人员的工作压力。因为产品发放极为方便,只需要扫描领取条形码、商品条码,填写数量即可,整个流程无需输入内容,用时也很少,大幅度提高了效率。②改善了人工单据信息不正确的问题。将票据中所需要的大量纸质文字信息转化为电子数据,既便于工作人员今后的检索操作,又降低了由于打字出错而造成数据不正确的可能性,从而减少了信息不准确所导致的商品库存不足以及重复采购问题。③能够更迅速、准确地掌握商品信息,可随时随地反映货物进出库的变化,做到账货相符,弥补了传统库存信息陈旧、逾期的不足。

3. 二维码技术

二维码溯源就是为每个产品创建唯一编码的二维码信息,就像产品身份证一样。在整个产品产业链中,产品从制作到最后实现各种用途,直至销毁,其代码信息始终不变。这个特殊的溯源二维码记载着产品的原料供应信息、制造过程中形成的各种信息,以及仓储、物流、营销、用户、售后服务整个生命周期的信息。

　　按照编码结构和条码特征,条码可分成一维码与二维码两类。一维码更常见,如日常消费品包装盒上的条码便是一维码。其信息储存容量小,仅可保存一个代码,在应用时也可以利用该代码搜索计算机和互联网数据。而二维码则是 2011 年之后才在中国广泛应用的,它能够在有限的空间里保存更多的信息,包括文字、图像、指纹、署名等,并且可以脱离电脑使用。二维条码是指可以通过一维条码在另一种维度上可识读的条码。它可以通过黑白矩形图像来显示二进制数据,使用设备扫描后也可以得到其中的信息内容。一维条码的宽度记录数据,长度不记录数据。而二维条码的长度和宽度同时记录数据,其结构如图 4-6 所示。因此,二维条码拥有一维条码所不具备的定位点和容错机制,即便并非所有条码都被识别出来或条码损坏,二维条码所具备的容错机制也能正确恢复条码信息。

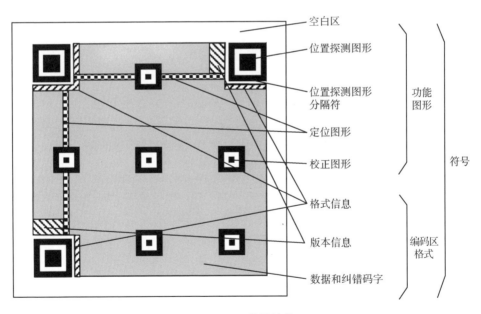

图 4-6　二维码结构

　　利用二维码技术可以收集上一个环节的信息,这种信息能够追溯的过程就叫做信息封存。采收和加工中药材的过程是生成产品的过程,也就是说，采集中药材时，每次采集的中药材为同一批次，此为采收批次，按照实际的包装尺寸（如5kg/袋）将信息录入系统，系统生成二维码后，将二维码打印出来并粘贴至包装袋上。扫描二维码即可查看该批次中所包含的信息。此处产生的信息实际上是按照批次码生成的二维码。举例来说，假设一位农夫在一个种植区采收500kg中药材，并将其按5kg/袋进行打包，那么就有100个包装。该批次的唯一追溯源代码是根据100个包装生成并贴在包装上的，每个包装的二维码中包含的种植过程等追溯信息都是一样的。在产品流通过程中，如运输、仓储等，可以通过终端扫描二维码将数据存入码中，从而将信息录入生产流通信息系统，使生产流通的信息更加完整。当某种产品从一种形式转换为另一种形式时，需要记录形式转换形成过程（产品加工、分级等），并根据新形成的批次重做信息存档并生成唯一的二维码。

二维码具有如下优点：①可以全方位读取，这是二维码优于其他类型码的重要优势。但堆叠形式的二维码只能在一维码的基础上截断，且辨别视角范围只有112°，因此无法全方位读取。②信息容量很大，编码密度极高。通常，同一条二维码的信息容量可能是其他一般条形码的10倍以上。③编码范围广，能够对图像、文本、URL（统一资源定位符）等进行编码。④容错能力更强，可以自动纠错，二维码被污染50%时仍然能够被正确读取。⑤编码可靠性很高，和一般条形码相比，二维码的差错率不超过数千万分之一，可信度也大大提高。⑥制作程序简单、耐用且价格低廉。

4. 射频识别技术

射频识别技术（radio frequency identification，RFID）是一项无线通信技术，能够利用无线电信息辨认一些特殊的物体，并且可以读写它们所包含的信息。这是一类进行信息鉴别与数据交换的非接触式信号传输技术，主要由电子标签、阅读器和天线组成。

RFID的工作原理（图4-7）是通过阅读器把编码信息加载在特定频段的载波信道上，再经由天线传给在读写器工作范围内的电子标签；继而，电子标签的芯片电路对信息进行解码并对最后的命令、请求、密码、权限等进行判断。RFID与条码扫描技术类似，不同的是，条码扫描技术是将完整的条码贴在某个物体上，并使用专用的条码阅读器读取条码中的信息。

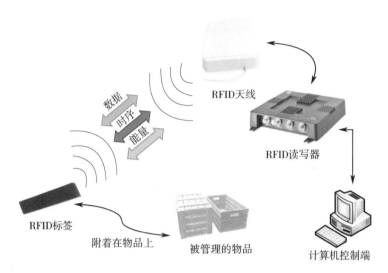

图 4-7　射频识别技术工作原理

　　RFID 主要应用于中药材种植、加工和流通领域。具体来说,就是在使用过程中,利用 RFID 对每一种中药进行编码,以便后续的管理和查询。例如,原药材采收后成为原材料,原材料入库时,根据生产管理系统制定的生产任务和编码规范基础,给原材料贴上 RFID 射频标签,为原材料创建身份。但中药饮片炮制工序较为复杂,包括净制、切制、干燥、微波干燥、洗药浸润、润药、炒制、炙制、煅制、粉碎、脱皮、蒸煮等工序,原材料加工生产成产品的过程可能不涉及上述所有过程,具体要根据实际的药材品种而定[18]。所以,原材料每通过一个工艺车间时,机器可以通过扫描射频标签自动识别生产任务信息,并利用网络接入数据中心,录入相应的生产信息,记录该工序所在位置。进行中药材追溯时,只需要扫描 RFID 的射频标签,便可查看饮片经过了哪些工序,饮片的生产工艺是否正确、快捷地转换到各个工作区域上,每个工序的生产加工信息是否符合质量标准等,这为饮片的质量管理提供了有力保障。

　　中药材管理记录中的 RFID 包括以下步骤:①存储中药材种植管理信息,包括种植厂家、药材种类、种植品种、药材名称、种植日期、生产环境等;②存储中药材生产管理信息,包括中药材名称、中药材生产厂家、中药材品种、中药材加工工艺、中药材生产日期等,建立与原材料相同标签的产品;

③保存中药饮片包装信息和中药制剂包装信息,建立中药饮片包装信息与药品监管法规的对应关系。通过上述步骤可实现中药材从种植、生产到流通的全过程可追溯,实现供应链中不同企业之间信息的公开透明。

二、信息采集与管理技术

1. 环境信息感知

环境感知层是利用物联网获取农作物生产信息的关键技术手段,而更先进的环境传感仪器则是推动农业物联网进展的关键因素。农业物联网区别于其他物联网的关键点在于,环境感知层所感知的对象不同,农业物联网主要面向农作物生产、加工和流通等领域[19]。在农业中药材的生产过程中,温差、相对湿度、光照强度、二氧化碳含量、土壤水分等多种自然因素共同影响着农作物的生长发育,而中国传统的农场管理方式还远没有达到农业精细化管理的水平,将上述环境参数以人的感知来管理,也无法达到精度要求。环境信息的感知通过无线传感网技术、利用气象传感器即可获得空气湿度、土壤温湿度以及作物养分(氮、磷、钾元素含量等)等信息;上述感知数据汇聚到节点后,节点将收集到的信息进行简单的数据融合,通过无线网络远距离传输到互联网上的服务器;存储在服务器上的海量感知数据将被用户使用,从而帮助用户实时了解环境信息并及时管理。传感器感知技术的工作原理见图4-8。

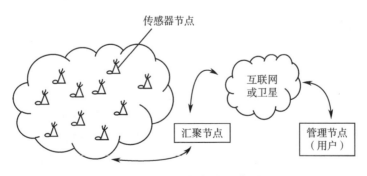

图4-8 传感器感知技术工作原理

农业物联网的主要特征包括：①传感器节点布局稀疏且不规则，农业物联网中传感器节点的布局必须兼顾低成本和可靠传输的性能。在农田或大型设施中，可根据实际情况将其分为若干个小区域，每个区域可大致认为具有相同的环境、土壤质量和养分含量。所以，在实际使用中，信息收集装置通常稀疏地布设于监控范围内，节点间的距离也相当远。因为交通和河道对农田的影响，监测节点的布设也常常不规则。②信息传送距离远、功率小，农业物联网信息采集节点间的距离通常都比较遥远，信息采集设备大多使用太阳能电源，无需维修。是以，信息节点间的设备不但要做到远距离传送，还要在太阳能电源有限的情况下实现持续不间断的供电工作。③由于农业的生产环境复杂严峻，农业物联网设施应能在高温、高湿、低温、雨水等复杂多变的自然环境中持续不间断工作。同时，农业从业人员大多文化程度较低，不具备维护设备的能力，因此物联网的农业设备必须稳定可靠，具备减少维护、免维护和自我检测的能力。④易受周围植被影响，同时，农作物生长发育条件的改变也容易对通过农业物联网无线介质所传播的电磁波形成遮蔽，从而影响农业物联网的无线传播功能。

2. 视频信息采集

视频信息采集是通过 360 度视频监控设备和网络硬盘录像机实时监控中药材生产现场，可远程查看农作物生长情况；同时还可以通过设定对视频进行录像，具有随时播放、画面截图等功能，便于后期产品跟踪与管理等。经过 20 年的发展，我国的河北省、黑龙江省、山东省、湖南省、广东省等省份已建立起了一个完全独立的视频监控系统，该系统对监控录像进行远程管理、拍摄、压缩、保存、格式转换等技术均已比较完善。在实际操作时，可以将此系统直接整合到中药材质量安全追溯体系中，只需添加相关的数据通信接口，便可以处理统一数据格式、协调数据调用流程等关键技术问题，不必再对其自身的技术体系进行根本性的调整。

视频信息收集所涉及的数据类型主要有中药材名称、品种、生产日期、浇灌时间等基础数据，甚至还有中药材生长情况的视频监测数据。存储方面，主数据选用结构化存储方式。由于中药材视频监控数据是实时监控的，而 Hadoop 的 HDFS 分布式文件系统不适用于并发、实时的数据读取,为了能够实时读取视频监控数据,可首先使用 Apache Storm 实时读取视频监控数据,进行多次处理后再保存到分布式存档系统 HDFS 中。在 HDFS 中,每个文件的读取和写入都需要由 NameNode 控制,包括接受用户对文件系统操作的要求、定位文件地址,并分配 DataNode 节点完成文件存储,将每个文件信息都保存到 NameNode 的元数据里。在文件处理中,HDFS 为 NameNode 中的各个文件都建立了元数据,用以保存该文件的信息,此方法对大文件来讲是非常合适的,而且 HDFS 文件系统适合高吞吐量并采用流模式访问数据,适合一次写入、多次读取的应用场景[20]。体积较大且需要多次查询的中药材视频监控数据非常符合 HDFS 的数据处理方式。

监控视频文件被视为记录数据的一种特殊方法,具有信息量大、防伪性强、表达直观等特点,将其应用到中药材质量安全追溯体系中,主要具有以下作用:①能对追溯数据进行有效补充,加强追溯体系的完整性。在质量控制关键环节设立数据采集点是质量安全追溯体系进行数据追溯的前提。对数据采集点进行远程视频监控所获得的监控片段能够真实地记录数据采集时的实际场景,可以从另一个角度对追溯数据进行有效补充。②与追溯数据相互印证,保证追溯系统的安全可靠。追溯数据的真实性是质量安全追溯体系的核心,直接关系着追溯结果的准确性和责任的确定。如果能有效控制数据收集的过程,则可尽量避免遗漏和误报数据。在数据采集过程中增加远程视频监控,仔细核对溯源数据和视频数据,对操作人员进行有效监控,可以促进操作过程的标准化和规范化,确保追溯体系的安全性和可信性。③由追溯系统对监控视频数据进行一体化管理,提高了追溯的便捷性。监控视频与数据溯源接口集成,只需一次查询便可同时获取溯源数据和监控图像,及时锁定事件原因。如果没有集成应用,则需要先获取追溯数据,然后再根据时间点查阅视频影像,经过多个步骤来完成,增加了追溯的工作量。

3. 种植过程信息记录

中药材种植过程信息包括药材栽培、药材环境监测、药材加工、产品质量管理和运输配送等一整套业务流程的信息,这些信息最终定义了药材的产品生产过程并实现了追溯系统的标准化管理和全过程管理。但中药材栽培大多是农户在做,在种植过程、栽培管理、生产加工过程、施肥使用管理等方面,还缺乏一套科学合理的栽培技术和理论方案。因此,不少农户都采取较简单粗犷的生产经营方式开展加工生产,在一定程度上造成了中药材产量少、质量不佳、药性平庸的现象。所以,控制中药材的源头是控制整个中药材种植信息追溯系统的关键,应借助《中药材生产质量管理规范》对农户进行管理和约束。其中,中药材的遗传基因对中药材质量起到至关重要的作用,也对药材的管理提出了较高的要求。在中药材的规范生产中,不仅要通过前期的品种筛选和检测来实现对病害的有效防治,还必须做好综合的检测监控,包括种植时查询信息来源以及检疫和种类鉴定,以确保中药材的质量。中药材种植后,可能会有各种因素影响植物的生长,包括空气、土壤、水源等。在外部环境污染如土壤中铬浓度严重超标时,中药材也会产生各种超标现象,质量会相应改变。

根据《中药材生产管理质量规范》的有关规定,生产商必须记载中药材栽培、生产过程的信息,包括品种选用、良种栽培、生产基地建立、收获过程等栽培环节管理和农药监测情况,以及原材料资源的准备、种子试验、选育方式、施肥规范和施肥报告等,以保障中药材的健康生产。规范化生产关键技术体系是生产的主体和核心,依靠培训体系来贯彻和执行到生产中。

中药材规范化生产的关键环节包括栽培前(基地选择、品种确定与优良品种选育)、栽培中(种子生产、移栽、整地、种植密度、施肥、排灌水、松土除草、修剪、搭架和遮阴等各种田间管理关键技术,以及病虫草害综合防治与采收等)和栽培后(产地加工、包装、储藏与运输等)三个重要环节。

规范化生产关键技术体系是 GAP 主线和灵魂,该体系的构建主要包括以下方面:①生产技术部的人员,包括生产计划制定人员、生产管理人员、设备管理人员、技术试验人员、良种繁育基地负责人、大田生产基地负责人、初加工负责人、包装负责人、其他各个生产环节的技术人员等形成的生产技术部组织机构;②各种硬件的配置,包括良种繁育基地、试验示范基地、大田生产基地及其常用农用机械设备、初加工和仓储场地及其设备等;③各种与生产相关的文件,包括中药材生产各环节关键点的操作规范、管理规范、记录等。中药材种植过程信息记录内容如表4-1所示。

表4-1　中药材种植过程信息记录汇总表

种植过程	工作内容	关键生产环节的技术规范、质量标准等
产地选择	了解所种植品种产地适宜性区划;不同环境对比试验	规范化种植基地建设规划及其可行性分析报告
良种选育	了解野生资源分布与蕴藏量、道地药材栽培养殖历史;不同种质资源收集、资源圃建立、种质对比筛选试验;优良品种选育	保护野生药材资源、自然环境和持续使用的方案;物种鉴定报告;优良品种选育操作规范及报告
种子种苗	种子发芽、种子活力测定、种子储藏条件、种子播前处理、插穗处理、播种或扦插时间确定、覆土厚度和密度确定、种苗病虫害防治、起苗和移栽等	种子种苗质量标准、种子种苗生产操作规范
田间管理	需肥规律与测土配方施肥试验(肥料种类、时间、方法和数量等);排灌水试验(需水规律、排灌水时间、次数及其对产量质量的影响);密度试验;松土除草、打顶、摘蕾、整枝修剪、覆盖遮荫、搭架等合理措施的探索	施肥操作规范、灌溉和排水操作规范、田间管理操作规范、病虫害综合防治操作规范
采收与初加工	采收试验(采收时间、采收年份、采收方式);初加工(各加工方法与药材质量的关系,考虑传统与新技术、新方法的结合)	采收操作规范、初加工操作规范
包装、运输、储藏	考虑包装材料、运输方式、储藏条件等	运输操作规范、仓储操作规范
质量监测	中药材性状与鉴别、杂质、水分、灰分、酸不溶灰分、浸出物、指标性成分或有效成分含量、农药残留量、微生物度、重金属含量等的方法学考察和检验[21]	质量监测操作规范
其他	生长发育规律及成分积累报告;产量估算等	产量及成分积累动态监测报告等

中药材种植在实际生产中的过程：企业先通过往年市场研究结果和对未来情况的预测，提出未来的种植规划，然后再按照地域提出具体的实施方案。在规划的实施过程中，企业按照已经录入溯源系统的中药材生产质量管理规范（good agricultural practice of medicinal plants and animals，以下简称中药材GAP）和标准作业程序（standard operating procedure，SOP）向种植户下达操作命令，中药材GAP和SOP是整个中药材种植流程的标准蓝本，直接影响着种植命令的下发过程和种植户的实际作业情况。种植计划审批通过后，系统自动将规划好的中药材GAP模版实例化，生成该种植计划生命周期的具体种植任务，如何时育苗、何时定植等，同时，由于种植任务是由GAP模板实例化的，可以事先设定好整个播种周期，所以还应根据作物的临时状态来新增或移除播种任务，例如当土地严重干旱的时候就可以临时增加浇水任务。

　　种植户可以使用移动终端直接向信息系统反映种植信息，而种植流程中有关的试验监测信息也将整合在追溯信息流中，从而建立一个从提出规划到生产加工、形成生产规模为止的栽培过程追溯信息流。这条信息流包括农田基本信息、种植户基本信息、中药材GAP种植过程标准、SOP栽培作业标准、原物料信息（农药、化肥等）、种植计划的制定、种植过程的操作、环境的监测与种植过程中药材的检验信息，以及由移动终端反馈的生长情况、图片、视频等信息，能够显示某个种植计划的执行情况和某地块作业实施后的效果[22]。

三、智能决策与预警技术

1. 生产过程预警

　　中药材生产过程预警的实质是通过现代科学技术的理论与方法，根据中药材产量的特性，按照可持续发展的农产品需求，建立各种农产品预警指数；并通过对历史数据的定性分析与量化评估，根据有关基础理论研究与专家评估经验，设定预警指数的合理警戒线，再对中药材未来产量状况进行合理预估，适时公布预警状况，并及时向管理部门正确有效地反馈信息。

中药材生产过程预警主要包括参考、纠错和超前调控等功能,通过统计指数、预警指数、考核指标等一系列指标发挥作用。这些指标能够作为一个有共识的统一参考体系,让管理者了解形势,判断发展状况,预测未来趋势。如果参照系不同,则管理者对农业生产现状与未来状况的评估标准也会有差异,其所提出的政策和举措也就会有很大的不同[23]。有了统一的参照系,管理者对当前趋势变化规律的认识就会更加统一,政策与措施也会更为合理。

预警功能主要以农业经营管理的某一个生产环节曾经出现、现在已有或者将来可能出现的问题为研究对象,可以帮助人们在早期阶段发现问题,特别是农业方向性问题,包括中药材的种植和生长是不是偏离了当前农作物产品可持续发展的基本路线等。根据预警状况,管理者就能够制定适当的调控举措,及时矫正以前不健全或有误的方针政策,使中药材生产种植沿着正常的轨道发展。超前调控功能是农业预警系统"预"字的主要表现,也是它的特点所在。中药材生产管理工作,从实质上可以包括超前管理、同步管理和落后管理,而超前管理工作能够帮助生产管理人员提早发现问题,并及时将问题扼制在萌芽状态,从而尽量减少不必要的经济损失。

(1)洪水监测是指使用遥感技术检测洪水,重点是监测水域的总面积。反射波技术的应用能够有效补充对区域特定状况的监控;而雷达遥感技术则能够帮助人们随时随地掌握水域信息,不受恶劣气候条件的影响。洪灾评估主要是指对自然灾害影响、灾情环境以及自然灾害主体特征的检测。遥感技术观测过程中提供的数据能够在一定程度上预报受灾。随着科技的持续发展,我们对降雨检测的准确度日益提升,如果利用无人机检测,其续航能力将更佳,这直接影响着预警和洪水预报,同时也是当前实时监测的重要手段。

(2)干旱灾害检测技术主要涉及两个方面,即土地含水率和植被的生长形态。使用遥感技术能够全天候地检测土壤含水率,同时也有较高的精准度。对土壤介电参数的分析提示,土壤中湿度也是影响监测的重要内容之一。植物生长形态主要指的是植物在农业生产中的生长发育情况,也就是农作物的长势,一定波长的微波可以通过反射接收的方式掌握植株的生长形态。一般用归一化植被指数表示植株的生长形态,相关参数还有距平植被指数和条件植被指数等。监测过程主要是通过分析水分短缺对社会经济的影响情况,从而确定旱灾的具体等级,同时还应该考虑地域和时空的差异性。

（3）病虫害监测是指对破坏了中药材（特别是大规模栽培的大宗药材）正常的生长结构,严重影响作物生长发育和收获的病虫害进行即时监控。利用遥感技术和物联网虫情监测仪器检测农产品的病虫害状况,可以在第一时间发现病虫害,并对病虫害主要影响区域的具体情况进行判断,再通过科学合理的统计分析,指导企业制定有效的处理对策。

2. 商品价格预测

中药材产品的价格与中药材的发展密切相关,与农场收入的多少直接相关。产品价格震荡将直接影响中药材生产企业的种植产品结构调整和经营策略。随着中国当前市场变革的不断深入,中药材产品价格受市场经营条件和流通环境等特定因素的影响日益强烈,价格震荡可能加大,这对当地政府宏观调节、合理规范行业发展提出了更多需求。

中药材的商品价格是中药材交易市场最主要的组成部分,但受短期天气、气候等多种因素的共同影响,中药材价格存在着波动性大、季节变动性强的特征。因此,要研究价格波动,首先要掌握价格波动周期性的变化过程与频率。只有这样,我们才能全面分析决定价格波动规律的各种因素,从而描绘出目标中药材的价值波动时间序列,并以此开展价格合理监测与预报。商品价格预测是对价格历史数据、价格波动影响因素、市场供需状况等数据进行综合分析,并对未来一段时间内价格变化趋势进行估算的过程,其目的在于对产业未来发展过程中可能出现的各种问题提前制定措施,辅助相关部门进行合理化决策服务。价格预测需要综合各学科的理论和方法,在准确计算和参考客观规律的基础上,对未来价格变化进行的科学分析。就研究时间而言,价格预测可包括 1 年之内的近期价格预测、1~5 年内的中期价格预测和 5 年以上的中长期价格预测。就研究范围而言,可以分为微观价格预测和宏观价格预测,微观价格预测是对单一农产品价格和供求趋势的预测;宏观价格预测是对社会整体价格水平和理论价格体系的预测和研究。价格预测可为产品生产和价格决策提供技术支撑和理论参考,对促进中国经济预测研究有着重要的意义。

　　价格预测方法一般分为三种：时间序列预测方法、智能预测方法和组合预测方法。时间序列预测方法可以利用时间序列数据本身建立模型，以研究事物自身发展的规律，并据此对事物未来的发展作出预测。在时间序列预测中，ARIMA 模型是最经典也最普遍的模式。该模型是自回归移动平均模型，只需要内生变量，无需其他外生变量的帮助，可以捕捉数据的线性关系，并且充分考虑到了随机因素的波动性和对经济现象的依赖性，因此其短期趋势预测准确度最高。随着统计学习理论和机器学习方法的发展和成熟，许多新型智能预测方法被人们逐渐掌握，继神经网络之后，支持向量机（SVM）方法成为农产品价格预测研究中的热点。相比其他人工智能学习机来说，SVM 不受维度本身影响，在一定程度上避免了局部极值问题的发生，在处理高维问题方面更具优势，是智能预测模型中相对领先的技术方法，根据预测权重系数的计算方法，可分为最优组合预测方法和非最优组合预测方法。组合预测方法可以将定量方法和定性方法相结合，更全面地思考问题，充分发挥单一预测模型的优势，减少预测的系统误差，提高预测的稳定性，提供更有效的预测精度。

四、数据集成与分析技术

1. 地理信息技术

　　（1）地理信息系统（geographic information system，GIS）是一项以计算机技术为基础的新兴科学技术，围绕着这项关键技术的研究、发展与应用，最终形成了一个交叉性、边缘性的学科体系。在相应的电子计算机软硬件的帮助下，GIS 能够按地理坐标及空间方位对空间数据进行有效管理，并深入研究不同的空间实体及其之间的相互作用关系。经过对各因素的综合分析，它可以迅速地获取满足应用所需要的信息，并能以地图、图形或数值等的多种形式表示信息处理的成果。通常认为，GIS 就是具备了数据收集、管理、检索、统计、分类和可视化显示等各种功能的计算机体系。

　　现代 GIS 是在 20 世纪 60 年代中期发端的第一代产品和 20 世纪 80 年

代末第二代软件产品的基础上发展起来的,20世纪90年代中期,第三代的GIS软件出现,在互联网技术的支持下,GIS的发展逐步加快,应用也逐渐变广。GIS已经被广泛应用于政治、军事、经济、文化和社会生活的各个方面。

采用了面向对象的软件技术后,GIS的组件化结构更加灵活,利用商用的软件构造工具即可实现,极大地提高了其二次开发的能力,模糊了软件平台和应用系统之间的界线。客户可以利用传统的软件开发语言和空间数据处理组件方便地构造个性化的应用软件系统,从而实现系统的灵活配置,这对于提高应用软件的可靠性也有积极的促进意义。系统采用商用DBMS(数据库管理系统)的扩充功能或自行在传统DBMS上扩充其数据管理能力,普遍实现了空间数据和属性数据的一体化存储和一体化查询,这种一体化技术实现了数据管理的规范化和数据操纵的标准化,其好处是用户可以方便地组织各类空间信息处理事务,在数据完整性和一致性方面提供有效的保证[24]。Internet技术尤其是Web技术和跨平台软件技术的发展,使得计算机应用系统迅速由C/S结构转为B/S结构。B/S结构模糊了系统的界线,实现了最终用户端软件的零维护,其好处是显而易见的。GIS普遍采用Web技术,一方面实现了以浏览、查询为主的应用系统的B/S结构,另一方面实现了多级服务器和多用户协同工作方式,使应用系统的构建跨越了地域及规模上的限制,为GIS由以系统为中心向以数据为中心的过渡奠定了良好的基础。如今,超大型应用系统已经出现,开始将空间信息与人们的日常生活相联系,真正将GIS带入主流软件的行列,可以预见,在不久的将来,GIS将和数据库系统、图形库系统一样,成为计算机应用系统中不可缺少的组成部分。

（2）遥感技术（RS）是迄今为止人类获取空间数据规模最大、时间最短的技术。全球定位系统（GPS）可以帮助人们快捷地获得地球表面任意物体的空间位置信息,作为重要的空间数据获取手段,它们只有和GIS结合,才能产生广阔的应用前景[25]。

地理信息技术注重3S集成（图4-9）,实现了矢量、图像某种程度上的一体化存储、叠加显示和矢量-栅格数据的相互转化,尽管这种集成是相当初步的,但在实际应用中已经显示了积极的作用。

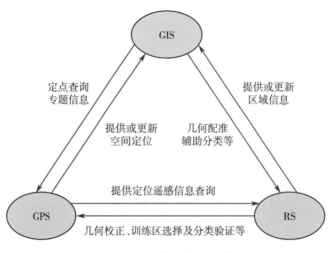

图 4-9　3S 地理信息技术

2. 多源异构数据集成技术

多源异构数据集成技术是指对基础地理数据、专题矢量数据、气象数据、历史统计数据、大田观测数据等进行异常值剔除及数据标准化处理,形成标准的矢量、栅格数据,再通过进一步综合分析和融合关联,获得图文表格等成果。

数据标准化指的是通过中药材数据资源获取涉及中药材的卫星遥感影像、无人机影像、地面调查测量数据、物联网传感数据、社会经济数据及基础地理信息等多源数据,并对数据进行初步预处理。这些数据在数据结构、格式、量纲、尺度、参考系统等方面都存在差异,需要进行标准化和规范化,最终形成标准化数据,为进一步的数据处理、分析和应用奠定基础。数据标准化包括遥感栅格数据标准化、矢量数据标准化、视频图像数据标准化、传感器时间流数据标准化、文本数据标准化、表格数据标准化等。多源异构数据管理过程见图 4-10。

遥感栅格数据标准化主要是对各个级别的遥感影像和专题成果进行处理,包括投影坐标转换、重采样、数据裁切等,使之形成具有统一空间参考系和数据格式的数据系列。矢量数据标准化包括拓扑检查、坐标投影转换、规范化字段结构和命名等,最终形成空间参考和属性字段一致的数据系列。视频和图像数据标准化主要是对数据存储格式进行统一。传感器时间流数

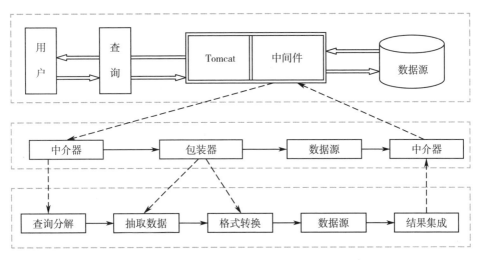

图 4-10 多源异构数据管理

据标准化包括对数据位深、存储格式进行转换。文本数据标准化主要是对文本形式、存储格式进行编辑和转换处理。表格数据标准化主要是对嵌套表格进行简化、规范化表格字段结构和命名以及表格存储格式。

数据综合分析是在对数据进行标准化处理的基础上,根据业务的综合性需求,对遥感影像和遥感分析结果进行专题制图,或者对涉及需求的多个表格进行数据抽取和统计分析,并形成曲线图、柱状图、饼图等各种图表,使信息表达更为直观。

成果融合关联主要是因为影像栅格、矢量数据、文本表格等数据对信息的描述各有侧重、各有特点,这种不同类型数据之间的视角差异,可能会导致对同一个现象/问题的表达出现"横看成岭侧成峰""各说各话"的问题,难以满足人们对信息服务的全面、直观的业务需求。实际上,许多业务需求是高度综合化、整体化的,这就需要对不同类型的成果进行融合和关联处理。比如种植适宜性的需求,需要在遥感分类获得的地块数据基础上,结合土壤、气候气象、地形、交通等多种类型进行建模分析,并将评价结果与耕地图斑进行关联,形成比文本表格更为直观的种植适宜性分布专题图数据;同时需要对评价结果进行统计分析(如最适宜面积、不适宜面积等),将分析成果融合到适宜性分布专题图上,最终生成一个信息高度综合、描述相对完整的信息数据产品。数据成果的融合关联处理通常是在 GIS 等地理信息软件支持下,以能够表示空间位置/范围的矢量数据为中介,把其他文本或表格的数据赋值给矢量图斑的字段属性;或将遥感分析结果进行矢量与栅格转换,将栅格的像素值输出至表格或关联至矢量图斑数据,从而实现多种类型数据信息的融合与关联,并在矢量的属性字段表格中进行专题分析和统计,最后进行专题制图,生成综合的数据产品。

3. 数据挖掘技术

数据挖掘是一个通过运用 AI(人工智能)、机器学习、模式识别、数据库、统计分析,以及可视化技术来分类或管理数据并获得分析结果的学科,可以为更合理的决策提供支撑。数据挖掘任务一般可以分为两类:描述性模式与预测性模式。描述性模式刻画目标数据中数据的一般性质,而预测性模式则能够对当前情况进行推理以达到预期效果,数据挖掘所具备的各种各样的模式可以实现不同的需求[26]。

数据挖掘过程是指从大数据分析准备到结果解析的整体流程,从大量数据中抽取出以前未知的、有效的、可用的信息,并利用这些信息进行决策。主要包括以下步骤:

(1)**明确目标任务**:了解数据挖掘的目标业务是数据挖掘的关键步骤,所以一定要明确目标业务问题。数据挖掘的最后成果是无法预知的,但要探索的问题必须是可以预见的。

(2)**数据准备**:数据准备是数据挖掘顺利实施的重要条件。数据准备是整个数据挖掘过程中的一项重要工作,大约占数据挖掘过程总体工程量的60%。数据准备工作主要包括数据选择、数据预处理和数据转换等。

1)数据选择:数据选择是指搜集各种与服务对象有关的内部和外部数据信息,得到原始数据;选择适合数据挖掘应用的数据,建立数据挖掘库。

2)数据预处理:因为数据处理信息可以是不全面的、带有噪声的、随机的以及重复的数据结构,所以还需要进行数据预处理,即对数据处理信息进行初步排序,对不全面的数据处理信息进行冲洗,从而为进一步深入分析做好准备,这也决定了即将实施的数据挖掘作业的种类[27]。

3)数据转换:数据转换是指根据数据挖掘目标和数据分析特征选择合适的模型,该模型通常是由数据挖掘算法创建的。创建真正适用于数据挖掘计算的分析模型,是数据挖掘实现的关键[28]。

（3）**数据挖掘**：数据挖掘是指对得到的经过转化的数据进行挖掘，除了选择合适的模型，其余工作应该能自动完成。

（4）**结果分析**：结果分析是指对数据挖掘成果的解析与评估。该使用何种结果分析方法，通常应按照数据挖掘的工作机理来制定，一般使用可视化技术。

（5）**知识同化**：知识同化是指将通过分析获得的知识整合到业务信息系统的组织结构中[29]。

4. 大数据

随着大数据在商业及一些互联网产业的成功应用，其他行业也纷纷采用大数据解决行业所存在的问题，如农业。农业大数据是从大数据领域中延伸出来的一个分支，通常是指将大数据的技术、思想、相关理念应用在农业中。

农业大数据是融合了农业地域性、季节性、多样性、周期性等自身特征形成的来源广泛、类别多元、结构复杂、富有潜在价值，且无法运用一般方式管理与分类的大数据集合体[30]。它仍然保持了大数据处理本身的基本特征，如规模巨大、种类繁多、价值密度低、处理速度快、精度高和复杂度高等基本特征，并使农业内部信息的流动进一步延展和深化。

农业大数据分析是大数据概念、技术和方法在农产品中的实践，涉及农田、种植、施肥、杀虫、采收、贮藏、养殖等各个环节，是分析性和跨行业的数据挖掘和数据可视化。农业大数据分析由结构化数据和非结构化数据组成，随着新农业的发展建设和农业物联网的广泛应用，非结构化数据发展势头迅猛，其量将远远多于结构化数据。一方面，大数据分析可广泛应用于农业物联网，使农业变得自动化、精细化、高效化和批量化，使农业产生更大的经济附加值，帮助创造农业现代化创新模式。另一方面，大数据技术在农业中的应用与其他信息技术相结合，可以实现对海量农业基础数据的查询、处理、计算、存储、共享等功能，全面获取更多对现代化建设有价值的信息，为农业的可持续发展提供重要的指导方针。

按农业产业划分，当前农业大数据主要集中在农业环境与资源、农业生产、农业市场和农业管理等领域，主要包括以下内容：①农业自然资源和环境数据，包括土地资源数据、水资源数据、气象资源数据、生物资源数据和灾害数据等[31]；②农业生产数据，包括种植业生产数据和水产养殖生产数据,其中,种植业生产数据包括良种信息、地块耕种历史信息、育苗信息、播种信息、农药信息、化肥信息、农膜信息、灌溉信息、农机信息和农情信息[32];③农产品市场数据,包括市场信息、供求信息、报价、投入市场信息、价格和利润、流通市场和国际市场等[33];④农业经营数据,主要包括国民经济基本信息、国民生产信息、贸易信息、国际农产品动态信息、突发事件信息等。

大数据具有数据量大、数据类型多、数据处理速度要求高、价值密度低等特点。在传统的分析系统架构下,传统数据库无法支持海量数据、非结构化数据,现有 IOE 架构无法线性扩展,价格昂贵。大数据分析和传统数据分析的特点对比见图 4-11。

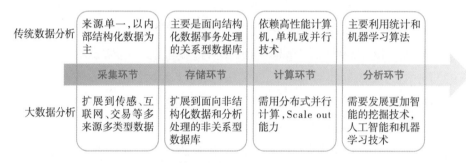

图 4-11　大数据分析和传统数据分析的特点对比

面对海量种类繁多的数据,要进行实时数据分析和离线数据分析,仅有传统的数据库技术已不适用,需要针对不同数据场景选择不同技术手段。目前主流的海量数据处理架构分为两种:①基于 Hadoop 并行计算框架的分布式架构;②基于传统数据库及数据仓库所衍生出的 MPP 架构。

Hadoop 架构:适用于海量数据存储与查询、批量数据 ETL(数据仓库技术)、非结构化数据分析等。

MPP 数据库:适用于结构化数据、复杂查询和可编辑自助分析应用程序、数据存储等的深入分析。

传统数据仓库:具有强大的复杂关联、聚合和事务处理能力,适用于数据量小、可靠性高、数据价值密度高的应用。

Hadoop 架构、基于 MPP 数据库、传统数据仓库三者的特点见表 4-2。

表 4-2　Hadoop 架构、MPP 数据库、传统数据仓库的数据处理架构对比

项目	Hadoop 架构	MPP 数据库	传统数据仓库
数据结构	结构化、半结构化和非结构数据	结构化数据	结构化数据
数据规模	PB 级至更高	TB 至 PB 级	TB 级
SQL 支持	低	高	高
BI 工具的支持	低	高	高
计算性能	对非关系型操作效率高	对关系型操作效率高,如大数据量关联操作、SQL 计算等	对关系型操作效率高,数据量过大后性能急剧下降
是否开源	开源	不开源	不开源
扩展能力	高	中	低
平台开放性	高	低	低
拥有成本	低	中	高
应用开放维护成本	高	中	中

一方面,随着物联网、互联网、云存储计算等先进技术的快速发展及其在农业应用领域的渗透,农业新应用领域的数量呈现出爆炸式增长的现象,为精准农业的研究发展开拓了新的途径,并成了近年来的重要研发热点。但在另一方面,大数据产权问题、伦理问题、发展滞后的农业基础设施问题,以及目标区域数据采集和当地政府项目之间的矛盾冲突等,都限制了农业大数据分析的研究进展。要打破这种限制,首先需要改善农业数据收集条件,但鉴于中国当前的农业大数据处理技术应用处于起步阶段,各种农业信息收集和存储系统技术、大数据处理技术、多源数据处理集成技术,以及由农业大数据处理驱动的机器学习技术和由知识驱动的农业大数据挖掘技术都还不成熟,这也是今后研究的重心和方向。

大数据分析可以精确预估农产品市场、精确喷洒杀虫剂肥料、精确控制动植物繁殖等,在知识发现、模式建立、农业预测等方面存在较大潜能,这是人类避免烦琐的农事体力劳动的关键所在。精准农业的发展离不开大数据分析。随着中国农业数据的不断增长以及大数据分析技术和数据采集方式的不断进步,相信精准农业未来将实现健康高速的发展。

Chapter Five

第 五 章

南药产业链信息采集技术

一、地理信息采集

1. 无人机航测采集

传统的测绘农田多通过实时动态测量技术（real time kinematic，RTK）进行全野外数字采集，这种测量方式耗费大量人力、物力，且时间长、效率低、成本高；而若利用专业的航空摄影进行测量，虽然可以缩短测量时间，但成本高昂，且对人员技术要求较高。如今，小型旋翼无人机平台技术逐渐成熟，具有平台搭建简单、维护成本低、受天气条件影响小、运行方式灵活、飞行高度低、可获取高精度大尺度图像等特点。通过航线规划和像控点布设，旋翼无人机可在空中完成航拍任务，经过后期的图像校正、拼图、空中三角测量加密（以下简称空三加密）等技术处理后制作出正射影像图（digital orthophoto map，DOM），然后对 DOM 分区域进行精度分析，此方法得到的成图精度可以满足农田的测量要求，很大程度地降低了测量成本。无人机航测技术路线见图 5-1。

（1）**航线设计及像控点布设**：无人机易受季风影响，航拍需提前规划路线。为保证后期影像质量，航拍过程中的像控点应在整个区域的地面上均匀布设。像控点布设任务完成后，借助 RTK 配置，沿铺装路面量测大量地面高程点，供内业空三加密和立体采集检查用[34]。

（2）**图像预处理**：无人机航拍时，由于受各种因素影响，如大风、气温、飞行姿态等，拍摄的影像可能存在位移、模糊等质量问题。无人机安装的是非量测相机，拍摄的影像数据是数字的，因此像点位移偏差较大，存在镜头畸变，对影像质量也有影响。为了确保后续空三加密的顺利进行，必须对影像进行预处理，预处理主要包括图像畸变校正、几何校正。

（3）**空中三角测量**：空中三角测量的目的和原理主要是利用事先布设好的少量地面控制点，对一条或几条航带的像点进行构建，形成局域网，利用相应的计算方法及平差方法，最终得出所要测量区域的所有像点的坐标。空中三角测量方法有诸多优点：可大大减少野外作业，减少地面控制点布设的工作量；可用于一些复杂地形或人员不易到达的区域，不直接接触测量目

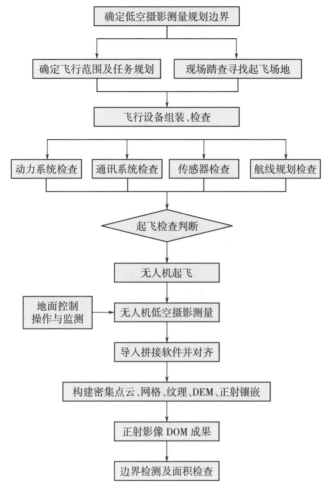

图 5-1　无人机航测技术路线

标而确定其位置、面积等数据；可用于大范围的测量，效率高；平差时，测量区域的整体精确度比较均匀。空中三角测量的作用是为没有布设地面控制点的区域提供相片定向参数和地形图的定向控制点。

（4）**图像的拼接**：空中三角测量完成之后，可以比较精确地计算出各像控点的外方位定向元素，但由于无人机飞行高度低，不可能一次性将整个区域的图像拍完，所以要用图像拼接技术把所有单独的相片相连，并按照一定的数学方法，将图片的空间位置进行匹配，最后作出整个区域的图像。图像拼接的原理是找出两幅及两幅以上的图像间的联系，之后进行相似性度量,这样能够识别多个图像或两个图像较为类似甚至相同的目标,例如纹理、灰度、特征、结构等。

（5）数字高程模型和正射影像:数字高程模型（digital elevation model,DEM）是一种有序的数字阵列,可以用来显示地面特征和空间分布。DEM是一个平面（X,Y）和高程根据投影平面或柱坐标系（Z）中的规则网格点分布的坐标数据集合。DEM网格点之间的距离应与高程的精度相匹配,形成一个相对规则的网格系列。在实际应用中使用相应的算法,就可以对DEM的数据进行转换,最终将数字产品汇总集合,成为新的图产品,例如DOM、等高线、面积图等。此外,DEM还可以计算一定区域的面积、体积、距离等。相较于传统的图纸,DEM有很大的优势,它更便于管理、修改、存储,尤其是可以储存大量的地形地貌信息,且读取方便。把中心投影变为正射投影,这样就生成了DOM。制作DOM的过程可以概括为:首先制作出DEM,对无人机拍摄的相片进行扫描和数字化处理,然后对相片进行逐个像元点的改正、镶嵌等,最后按照实际需要进行截取,形成正射影像的数据集合。DOM有很多优势,它是带有公里标信息的图片,使用人员可很快读出图上的坐标。DOM是一种数字影像,可以局部进行放大处理,而且可以下载并通过图片处理软件进行截取、裁剪等各种操作和分析。同时,DOM的精度非常高,图上所涵盖的信息也很多,读取信息时较为直观。

2. 地块信息采集

通过无人机航拍技术获取测绘区域地形图数据的方法在小面积的地形测绘中有较大的优势,具有成本低、执行方便、自动化高、准确度高、效率高等特点。利用无人机航拍技术,可以自动生成高分辨的正射影像和数字表面模型,在此基础上根据土地边界的几何特征,利用高程、坡度及影像灰度等统计量,可以实现对地块信息的提取。地块勾绘测量是指利用遥感或GIS软件,在地图上用曲线勾画一个封闭区域。每一个种植基地、种植分区、种植地块边界围成的区域就是图斑。对于图斑,人们首先关心的是图斑的面积,这是任意一个图斑最为基本的地理信息之一。借助DOM、土地利用状况图、农村地籍图、地块边缘提取图和土地承包地块矢量图等图层,专业测绘人员结合土地的纹理、位置、大小以及色调遥感图像和图斑等特征来识别和解释地块边界点,检验无人机摄影的边界位置和面积测量精度；再由专业技术人员根据判读结果在无人机正射影像上勾绘地块边界，将所计算的面积作为勾画面积，并记录相关种植类型、种植品种、行间距、种植时间等信息，形成具有地块种植信息等属性的拓扑关系明确的空间地块斑块。

数字化地图数据的矢量格式：所谓矢量格式是指用首尾相接的多条线段连接起来的折线，每一个线段都有方向，用折线逼近曲线的数据表达格式。如果这种折线围成一个封闭区域，就构成一个图斑，于是图斑就变为用有限的线段连接起来的多边形，n 个线段连接起来就成为 n 边形，有 n 个顶点，每个顶点都有其坐标值（x_i, y_i），这里 $i=1, 2, \cdots, n$。对于这样的多边形，其面积可以用辛普森求积公式计算：

$$A = \frac{1}{2} \times |s| = \frac{1}{2} \times \left| \sum_{i=1}^{n} x_i (y_{i+1} - y_{i-1}) \right|_{y_{n+1}=y_1}^{y_o=y_n}$$

3. 720°全景采集

无人机 720° 全景图是基于图像处理的虚拟漫游，也称为虚拟现实全景图。它利用数据收集、图像处理配准、图像投影技术以及与图像处理融合，将大量静态图片组成具有更广阔视野的图片。全景影像具备如下特征：①全景影像数据库全部由实景图片组成，最大限度地保证了场景的真实性；②展现了场景各个方向的景色，给人立体的空间感，具有更好的交互性；③全景图无需单独下载插件、无需强大配置即可在线浏览，为用户提供了更便捷的浏览方式。随着计算机视觉、摄影测量等技术的发展，720° 全景影像的制作和应用也不断发展。

全景影像制作技术主要是对收集到的序列影像进行记录、投影、拼接等处理，使多个影像融合为水平 360°、垂直 360° 视角的 720° 全方位影像。制作过程主要包括图像采集、图像拼接、全景图像后处理与发布等几个步骤，其构建技术路线如图 5-2 所示。

（1）**图像采集**：全景影像由一系列普通影像组合而成，按照采集方式的不同，主要可以分成单站全景采集技术、相机全景采集技术、无人机航拍全景采集技术三类。近年来无人机关键技术取得了革命性突破，在民用领域中的应用也日益广泛。无人机机载采集技术以多旋翼无人机为载体。具体操作为：在保证天气的情况下，前往确定的采集点，调试无人机，调整相机

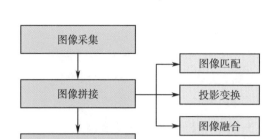

图 5-2　720°全景采集技术路线

设置、IOS、曝光、照片尺寸、拍摄模式、长宽比和白平衡等；将无人机悬停在80~120m视点上方，再利用云台设备调节视角，将拍摄参数调整到合适的参数，从而完成素材的采集。全景影像具有场景范围大、视野宽、不被遮挡等优点。

（2）**图像拼接**：图像拼接是制作全景图像最关键的步骤，可以把多个图形拼接为一个全尺寸的图形或 720° 全景图。整个图像拼接过程大致可分为图像匹配、投影变换和图像融合三方面。

1）图像匹配。图像匹配主要是指寻找两个图像的相似区域，即找出两个像素的交叉部分，并以此判断两个像素间的转换关系，从而达到像素间的对齐。最常见的算法是先计算像素中特征最明显的像素点，进而对像素间的像素点加以对应，再进行转换关系，从而达到像素的配准。

2）投影变换。最常用的全景图投影模式包括圆柱投影和球面投影。圆柱投影面是以照相机镜头中心为投射中心，以正镜片焦距为半径，以负片上下边距离为高度组成的一个圆柱面。把多幅图片连续投射到这个圆柱表面，其中 *ABCFED* 是要投射的原始图形，*A′BC′F′E′D′* 是投影表面。假设照片上任意点 $P(x,y)$ 的变换曲面标记为 $P'(x',y')$，则基本的变换公式为：

$$\begin{cases} x' = f \times \arctan \dfrac{W}{2f} - f\left[\arctan\left(\dfrac{\dfrac{W}{2} - x}{f}\right)\right] \\[4ex] y' = \dfrac{H}{2} - \dfrac{f\left(\dfrac{H}{2} - y\right)}{\sqrt{f^2 + \left(\dfrac{W}{2} - x\right)^2}} \end{cases}$$

式中：f 为相机的焦距；W 表示影像的宽；H 表示影像的高。

3）图像融合。图像融合技术包括把多个已获取的图片融合为具有更广阔视野的全景图。如果直接进行图片拼接，在叠加区域的拼接部分就会有很明显的痕迹，严重影响图片品质，所以需要通过图像融合算法对叠加的部分进行融合处理。

（3）全景图后处理与发布：采用普通镜头采集影像时，由于无法全面覆盖整个天空，拼接形成的全景图也会出现相应的问题，所以，在全景图拼接完毕之后，往往还需要先对其进行天空修补，然后再对色温、色调、亮度、饱和度等参数进行调节，使全景图能够展现较好的真实效果。选择有代表性的视觉区域作为当前初始视角，一般 720° 全景图都会设有多个热点，点击热点即可查看此全景图的相关信息。对不同的全景设置不同的热点，可使浏览者了解实际种植场景、相关品种介绍、基地介绍等；还可以加入背景音乐、特效、导航等功能，以获得更直观的视觉体验。720° 全景云系统可以简单快捷地通过网络分享全景图。

二、环境信息采集

随着物联网技术的发展，国内外农业信息技术应用研究取得较大进展，新一代物联网技术已融入气象、土壤信息采集和种植管控等领域。物联网技术是利用一定的协议，如 ZigBee 无线传输协议，通过信息传感设备将物与物、物与互联网连接，然后交换、传输和处理信息，从而实现跟踪、定位和识别、监控和管理一体化的网络技术。物联网大多采用模块化设计，包括监控中心、小型气象站、土壤墒情站等相关物联网设备。土壤墒情站部署在田间附近，主要监测土壤温湿度、氮含量、磷含量、钾含量等参数。小型气象站主要用于检测大气压力、环境温度和湿度、区域降水量、风能、风向和太阳辐射等参数。环境信息采集工作原理见图 5-3。

1. 监控中心

监控中心是一个由网关路由节点和传感器路由节点组成的无线网络。其原理是从控制中心通过 GPRS 网络，向相应的监控点发出"数据采集"指

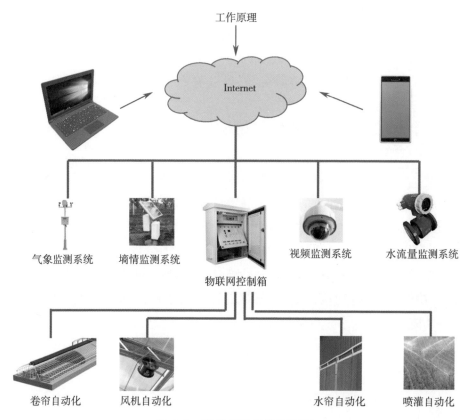

图 5-3 环境信息采集示意图

令。网关路由节点通过 GPRS 网络接收到指令后,将指令发送给检测路由节点,检测路由节点进入数据采集工作状态并启动相应的控制程序,从土壤水分传感器的外部端口采集数据,由检测路由节点将数据封装成 ZigBee 协议数据包,从控制节点的 ZigBee 模块将信息发送至网关路由节点,再通过 GPRS 网络传输到控制中心。如小型气象站,也是采集到气象信息后,再通过 GPRS 网络传输到控制中心。控制中心收到数据包后,对数据包进行分析,提取所需的土壤墒情和环境信息,并存入数据库进行存储,再根据农田土壤墒情和环境信息进行算法判断[35]。若判断作物缺水,可实施精准灌溉,发布作物缺水预警;对环境信息进行判断,如遇恶劣天气(如大风),将进行天气预警。在大田农业中,环境信息采集和控制首选无线网络。无线网络传输方式主要有蓝牙、ZigBee、GPRS、4G、5G 和 Wi-Fi 等。基于网络传输层的物联网网关,其内置的网关/PC网关应用程序将串口传感器数据转换为符合JSON消息格式的数据,并通过MQTT编辑角色发布到MQTT代理服务器。MQTT代理服务器一方面对数据进行持久化操作,并将数据作为文档存储在Mongo DB数据库中,另一方面将网关应用程序发出的数据消息传递给订阅者的PC端或移动端的客户端[36]。在应用层,主要是PC端或移动端的客户端接收服务器推送的下位机发送的传感器数据,或发送控制感应器的指令给代理服务器。

（1）轻量级:鉴于物联网设备的特殊性,为了保证在低带宽、不可靠的网络中传输有效的数据,MQTT协议的设计原则是精简,不添加可有可无的功能,以保证协议的轻便性,因此MQTT协议头部协议字段2只有两字节。

（2）支持发布/订阅模式:发布/订阅模式用于消除通信设备之间的耦合。解耦模式可以从空间解耦、时间解耦和同步解耦等方面进行区分。空间解耦:支持一对多、多对一和多对多的消息传输。发布者和订阅者是彼此独立的,可以在不了解彼此任何信息的情况下交换数据,例如彼此的IP地址和端口,从而促进设备之间的消息传输。时间解耦:发布者和订阅者不必同时运行。同步解耦:在设备消息发布或接收期间,消息发布者和订阅者的其他操作不会暂停。

（3）消息传递类型:当服务质量(quality of service, QoS)值为0时,最多可传输1次,发送方不需要收到服务器回应,消息可能到达服务器1次,或可能根本不会到达,此种传输方式属于允许消息丢失场景,性能最高。当QoS值为1时,发送方至少发送1次,以确保消息到达接收方,接收方需要返回确认消息,在此情况下,接收方可能会接收到重复消息,适合不允许消息丢失,但允许消息重复的场景,性能中等。当QoS值为2时,消息只到达1次并且保证消息送达。为确保响应消息能够到达发送方,接收方必须等待发送方对接收方响应消息的响应,只有收到发送方的确认消息后,接收方才能对订阅者投递消息。

（4）提供遗嘱机制:遗嘱保留主要用于PUBLISH消息,当遗嘱标志(连接标志的第2位)设置为1并且遗嘱保留位(连接标志的第5位)设置为1时,服务器将本次发送的消息保留作为遗嘱发布消息,即当出现新的订阅者时,服务器发送消息。

2. 气象信息采集

气象观测主要是利用一定的科学手段收集更详细的气象信息,以便有效了解灾害性天气现象的状况,并进行与自然灾害相对应的预防工作。农作物生产过程中受天气变化影响很大,通过实施适当的农业气象监测,就能够有效保证农作物生产的顺利进展,从而带动农作物产量效益的提升。

农业气象监测系统以数据自动收集为基础,在电力、通信等辅助设备的协助下,进行农业监测与数据收集,并对监测数据统一管理,从而形成综合的数据报表系统与服务产品。从自动农业气象站收集数据依赖于传感器和收集器。根据不同农业产业的需要,当前市场上已经有大量的采集器和自动传感器可供选择。气象信息采集终端采用现行的 MQTT 协议作为数据传输协议,通过监测设备温度传感器、湿度传感器、风速报警器、风速风向计等采集现场真实数据,将现场实时数据传递到数据中心,从而得到 24h 的空气湿度、降水量、大气压、风向、光照度、二氧化碳浓度等信息,并实现现场远程监控和集中数据管理。在使用过程中,各种传感器安装便捷,安装地点可任意选定。同时,自动气象站采集器还支持多路信息传送,能够在一个范围内同时配置具有多种相同气象要素的传感器,不但可以全面掌握实际数值和不同传感器之间的变化,观察点还可以通过互相对比监测数据,为农作物的生长发育提供依据。气象信息采集原理见图 5-4。

根据数据采集原理可以快速、全面地采集当地天气数据,采集得到的空气湿度、降水量、大气压、风向、光照度、二氧化碳浓度等数据可以作为管理农作物种植和收获过程的依据,为天气预报、天气科学和农业气象业务的发展提供稳定可信的气象数据分析基础,在农业区域气象监测预报与预警业务中发挥了十分关键的作用。农业自动化气象系统能够高效处理常规气象站无法进行的农业气象观测工作,并运用系统分析技术精确预报农业未来的天气及气候变化,有助于农业监测人员获取更全面的气象信息,及时发现更多重大的农业气象灾难,在此基础上通过人工干预还能够在一定程度上降低农业自然灾害的影响,有效防灾减灾。如在天气已非常干旱之际,可运用人工降雨进行干预,以降低旱灾对庄稼的危害;当大冰雹来临时,也可适时采用人工防雹措施,以有效减轻大冰雹降雨对农产品的危害。

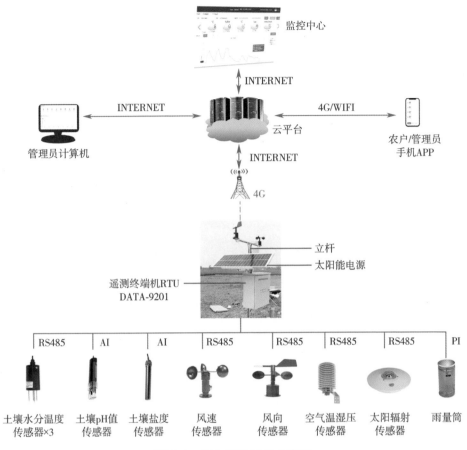

图 5-4　气象信息采集示意图

　　在农业气象观测中,自动气象站通过使用站台地面的温度感应器、采集器、风速传感器、温湿度传感器和综合监测软件等,对某一地区的气象条件实现自动观测。开展农业气象观测工作,即对农业生产区的自然环境和有关的农业生产活动进行环境监测,通过观测手段获取有关该区的各类农业天气数据信息。广大农业生产者通过掌握农业气象数据,特别是不利于作物生长的天气数据,从而全面了解农作物产量状况,便于制定良好的农业发展措施。以雨量传感器为例,雨量传感器的应用可以帮助我们获得足够的降水信息,对天气和气候变化做出相应的预测,并根据获得的数据信息对坡度进行分类,从而提示应该采取何种农业措施以有效应对强降雨或突发降雨。将信息技术、计算机技术和物联网技术应用到农业自动气象站的监测过程中,可使生产人员借助手机短信、互联网等平台就能够接收到相应的气象数据,并及时根据气候变化和农业生产活动做出相应的补救性规划。

3. 土壤墒情信息采集

随着气候变化不确定性的增加,旱涝灾害等现象频频发生,对农业生产的影响越来越大。根据土壤墒情监测结果,了解土壤含水量丰缺,利于管理者及时进行农业排水或灌溉,从而降低对农作物生产产量和品质的影响。

土壤墒情的优劣直接影响作物的生长发育。良好的土壤含水量,能够为作物的生长发育提供足够的水分,促进种子的萌发与成活,还能协调土壤的水、肥、气、热,调节土壤温度和田间气候,提高土壤的生物活力,促进营养物质分解,进而改善土的通气特性。土壤含水量低会影响种子萌芽与生长,严重的干旱会导致大量农作物失去生命力,造成农业减产。在水源不足的干旱和半干旱区域,土壤墒情尤为重要。及时准确地监测和预报土壤墒情,了解春旱与伏旱地区的土壤墒情状态,可以为农业生产活动提供正确的水分信息,为农业合理用水提供基础,为农业生产和收获提供重要技术支持。

土壤墒情的优劣同样影响着作物产量。准确了解土壤氮、磷、钾等养分参数是推进土壤分析和制订施肥配方的关键。

传统的土壤养分检测过程烦琐、耗时、费力,极不方便。通常需要专业人员到现场取样,然后将土壤带回实验室进行分析,获得土壤参数。土地墒情监测站,是一个集土壤温湿度采集、数据存储、传输与管理于一体的土壤温湿自动监控与管理系统。整机由多通道数据采集仪、土壤水分传感器、土壤温度传感器等气象传感器组成。多通道数据采集仪配备有多层土壤温度和土壤湿度传感器,可连续测量不同土壤层的土壤温度和土壤湿度。土壤温度传感器测量精度高,稳定性好;土壤水分传感器便于现场土壤校准测量。

土壤水分监测是监测水资源利用和预防干旱的重要工具。其核心是在线自动分析仪,通过现代技术的运用可实现土壤墒情的实时监测和分析。将土壤水分传感器埋入地下,可直接从地下深处获取水分信息,然后将其转换成模拟电压信号传输到信息采集终端,再通过无线通信网络传输到中央控制系统,最后通过算法对土壤水分数据进行分析,自动删除不稳定数据并存入系统数据库,供工作人员随时查看和导出。在线自动分析仪在运行过程中会采集大量的土壤墒情数据,便于后续工作中土壤墒情信息的可视化和导出。在实际应用中,一个土壤水分信息采集远程监测系统可以安装多个数据采集器,每个数据采集器可以独立自动监测不同区域的土壤墒情。土壤信息采集流程见图 5-5。

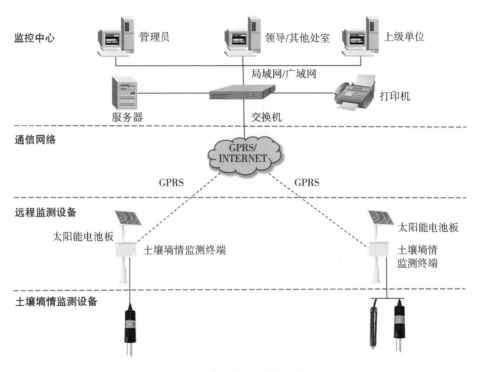

图 5-5　土壤信息采集示意图

三、种植过程信息采集

1. 种植批次管理

批次的定义:一批加工原料在经历了若干过程后到达最终生产状况,形成若干半成品、最终产品的全过程称为一批,将数字标志分配给相应的批次,称为一批次。批号通常用于标识同一批次的材料或产品。对于批号,GMP 第 67 条给出了以下含义:一组用于标识批次的数字或字母加数字。批号主要用于标识产品,使企业在管理和生产产品时,可以区分物料或具有不同特性的产品,并可搜索物料批次信息,如生产、库存、物资购买信息等。批次管理是对企业采购的材料、设计过程的层级、所生产的产品质量,以及在生产过程中所用的原物料等加以确定,并按照批次标识进行管理。批次管理不但能够改善制造业的管理品质,还能够改善生产服务质量。如今,很多企业都采用了批次管理,特别是对产品质量、健康和安全要求较高的行业,如农业种植、食品、制药等行业,都有严格的批次管理。

企业可以根据自己的产品特点来生成批次信息。管理产品批次信息不仅需要批次标识,还需要在生成批号时设置属性。批次属性因情况而异。收货和入库时,应记录产品的供应商、采购信息、入库信息、到货日期等属性;对于生产入库的产品,在生成批次号时要记录产品的生产条件、质量水平、生产时间等属性。物料出库时,主要记录新批号与旧批号的关系和物料的用途;产品销售时,应记录新批号与旧批号的关系及销售客户等销售信息;如果批号因其他原因拆分或合并,必须记录旧批号与新批号的关系。在明确了批次质量信息的定义以后,还有一个必须思考的问题,即在何种情形下可以产生新批次信息。而根据多品种、小批量、混流产品等特性,形成新批次信息的情形又可总结为如下几类:

(1)**物资/种苗批次**:在采购物资/种苗到货后要对所采购的物资进行批次标识,在标识时应根据物资/种苗是批次单件管理还是批次非单件管理进行处理。如果标识采用的是供应商所提供货物的批次,则不需要对批次作特别处理。如果是企业自己生成批次标识,则在记录标识的时候还要对供应商所供产品的批次以及新旧批次之间的关系进行记录。如某产品的供应商供货批次是"20080201",而新生成的批次标识为"20080201A",则要记录批次"20080201A"是来自批次"2008021"。

(2)**种植生产批次**:企业在中药种植生产时以批次来进行生产,在产品开始生产时要对生产的品种进行批次信息标识,并在产品入库时记录该批次标识。以中药材种植环节为例,通过种植批次号来标识,种植批次需要在基地的地块旁做好标牌标识,并做好施肥、施药等档案管理,并且每年需要对田块进行土壤污染综合指数计算。在种植阶段,首先需将地块不重复、有序地划分,如一号地编号为00001(系统设置成五位数),二号为00002,依次进行划分编号;然后在每一块地上对种植批次进行编码,种植批次采用

"种植日期 + 种苗类型"的形式编码,如"0000120211023"表示2021年10月23日种植了00001类中药材。之后可以通过这个条形码对该中药材进行信息追溯。只要在系统中录入这个批次号,该中药材所有的信息就都能提取出来。如果企业在入库时对种植品种进行等级分类,则需要一个关联关系来保证生产批次和入库批次一致;在批次合并的时候也要考虑这样的情况。

（3）生产加工批次:当按照第 n 道工序生产种植作物时,由于后续车间的产能问题,需要将产品批次分成若干个生产批次,此时也会产生一个新的批号。

（4）质量质检批次:在一些对质量要求较高的企业,如果在产品质量检查时发现产品的质量降低,则需要降级处理,这时要生成新的批次。

（5）仓储管理批次:企业每个月都会进行库存盘点或调整,此时可以合并数量少的同规格产品。合并时会形成一个新的批次 ID,这时要记录新批次和旧批次的关系。产品出库时必须记录产品入库时的批次。

（6）产品销售批次:企业在销售产品时一般会生成销售批次。在对产品进行包装时,不同入库批次的产品可能会被打包到一起进行销售;对于订单（或合同）数量较多的产品,企业会采取合并不同生产批次的产品来满足该订单（或合同）。在生成销售批次标识时,还要记录销售批次和入库批次的关系等相关信息。

2. 种苗种源信息管理

种子和种苗是种植中药材最基本的生产资料。种苗种植一般认为是与种子播种种植相对应的一种种植方法,有苗与根、根茎、组培育苗、扦插育苗等被定义为种苗。随着中药产业的不断发展,种苗质量标准研究的重要性日益凸显。种苗质量标准化研究是保证种苗质量、保障种苗安全、提高药材质量和产量、保护国家药材资源的重要途径。大部分中药材种子种苗无国家标准可遵循,中医药行业标准亦尚未发布。标准缺失导致交易无法可依,致使假冒伪劣种子充斥市场,坑农害农事件时有发生。这不仅影响了种质质量的稳定,容易导致品质退化等问题,并且扰乱了中药材市场的秩序,严重制约了中药材产业的健康发展。种子和种苗是中药材生产的物质基础。优良品种和优质种苗是中药材标准化生产的基础和首要条件。不解决源头和基础问题,实现中药材规范化生产的过程问题就不可能得到真正解决。

中药材具有道地性的特点,因此中药材种子种苗的收集与中药材资源分布密切相关。中药材种子种苗收集方法根据表现形态及材料类型等进行分类。采用物联网技术可广泛监控种子种苗生长数据,同时实时传输数据至系统终端,随时随地进行信息交换,最大限度保障信息的即时性。

中药材应根据物种的特点选择合适的表现形态及材料类型进行种子种苗收集。种苗种源信息收集主要包括:公司名称、种植基地、种苗来源、种苗名称、种苗批次等。完成中药材种质资源收集后,需对每一份种子种苗的信息进行收集与登记,详细填写资源信息表格,主要包括种苗编号、药材品种、药材命名、种植时间、种植地点、种植数量、负责人、栽培地区的天气和土壤条件,还要对栽培环境进行多角度拍摄。种苗种源信息记录采用统一的编码机制,编码原则是:药材名首字母缩写 + 种植日期(年月日)+ 种质资源类型。同一采集地点不同类型的种质资源的代号不同。种苗种源数据上传后,信息收集平台先对上传的数据进行校验,若没有异常数据,这些数据将被添加到数据库的相应表中。为了保证数据项的真实性,种苗批次由系统自动生成,且种苗批次不可以修改。

中药材种苗溯源信息管理涉及生产、采购、储存、运送等环节。而中药材种苗的追溯信息收集主要是通过追溯码,各环节主要使用移动终端设备进行本环节追溯信息的收集。农作物种子进入生产加工或上市环节时,均采用国家检验溯源码制度;同时,利用农业部门和国家食品药品监管部门之间的大数据互动,可以完成中药材种苗从生产环节到上市的全流程追溯。

(1)品种鉴定:中药材 GAP 的核心是品质,好的品质取决于其优良的基因品质。但目前尚无用于疾病防治的中药材的种子法和相应的种子监测制度。同一种药材,不同的品种甚至不同属,其质量可能不一样,疗效难以保证。因此,应进行品种鉴定,辨清药材的真伪,防止品种混用,从药材源头上获得准确的药材品种。在 GAP 示范基地建设之前,应对不同药材的不同品种进行遗传资源的研究和收集。具体来说就是,以中医药、气象学、土壤学、分子生物学等学科理论为基础,根据植物各方面的特点,分析品种间的差异,准确识别品种,包括种、亚种、变种变型或农家品种、选育品种,注明中文名和拉丁学名。

（2）品种选育：种子是中药材生产的物质基础，优良品种是中药材生产的核心，没有优良品种，即使有好的环境条件，其经济性状也无从表现。广州中医药大学开展了种质资源的调查、考察与收集、鉴定与评价、原产地大面积栽培就地保护、迁移至学校种质园活体保护、种子与组织培养试管苗室内保存等工作，为进行栽培品种改良承担了"基因库"的作用，通过转基因等现代新技术，使品种的遗传性向着人类需要的方向变异，产生新的特征和特性，目前取得了初步成果。通过大田人工选择，采用田间品种品质检验和实验室播种品质组织培养，选育出具有一定特点（产量高、质量好、抗逆性强），适应一定环境条件和栽培条件的品种[37]。

（3）编码管理：编码管理业务是指对中药材种苗生产经营主体的主体身份编码、中药材种苗追溯码，以及未注册品牌等进行统一的管理。持有主体身份编码和产品追溯码的后台终端，支持身份查看、打印、查询统计和产品追溯码、申请、临时代码、审批等功能。

（4）追溯管理：根据中药材种苗生产流通的实际情况，中药材种苗追溯业务模式有两种，一是中药材种苗不可包装，二是中药材种苗可进行包装。

针对中药材种苗不可包装的情况，采用产品随附单作为生产流通过程中的追溯标识。中药材种苗生产主体在生产环节完成生产信息采集后可以定义中药材种苗批次，并在中药材种苗进入流通环节后为下游环节主体提供产品随附单；中药材种苗经过不同的流通环节时，产品随附单进行更新，产品追溯码亦随之更新。中药材种苗进入市场（或加工）环节后，产品随附单作为入市追溯凭证提供给市场主体（或加工主体）。中药材种苗不可包装情况下，追溯业务模式如图5-6所示。

针对中药材种苗生产主体有条件、有意愿对中药材种苗进行包装的情况，可在生产环节生成产品追溯码，并将其粘贴在产品包装上；中药材种苗进入流通环节时，中药材种苗生产主体提供产品随附单，并在之后各环节中可生成新的产品随附单，产品追溯码亦随之更新。中药材种苗包装上仅粘贴生产环节的追溯标识，社会公众可通过扫描追溯标识进行查询。在流通环节中新生成的产品追溯码不作为追溯标识进行粘贴，仅为监管部门监督检查提供服务。在中药材种苗可包装情况下，追溯业务模式如图5-7所示。

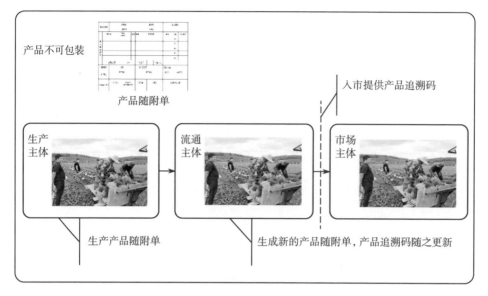

图 5-6　非包装追溯模式

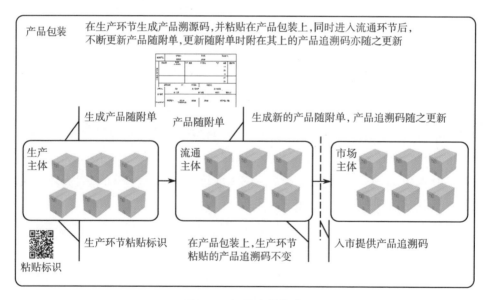

图 5-7　包装追溯模式

3. 基于 GAP 的种植过程管理

中药材 GAP 支撑系统将生产过程的质量保障视为一个基于作业流程的控制过程。基地每个批量种植的一种药材的管理为一个"项目管理",作业计划、作业安排、作业日志、作业检查、作业提醒等几个基本环节构成了一个完整的作业流程。作业计划环节用于制定或修订企业（或基地）的年度栽培计划,明确企业的总体任务、目标。作业安排环节可以根据企业或基地的总任务、总计划和各基地栽培计划的实际进展,按照管理指定的时间段自动地从 SOP 中提取该时间段应考虑安排的作业及其规范,形成阶段作业安排的建议,作为管理者和操作者安排工作的依据。作业日志环节反映日工作计划的执行情况（包括各项栽培作业的完整记录）、存在问题和改进意见,作为对工作的监督和之后工作的调整依据。作业检查环节可以让授权的上级管理者根据 GAP 规范,比照实际工作情况作出评价、提出意见和建议。作业提醒环节则是 GAP 实施过程中相关人员沟通的桥梁,可及时提供工作任务安排。中药材 GAP 种植过程管理主要包含以下几方面内容（图 5-8）。

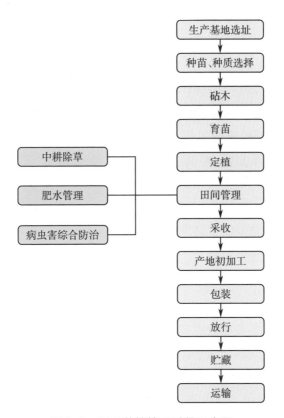

图 5-8　GAP 种植管理过程示意图

（1）**种植地选择**：药材产地的光照、温度、湿度、土壤和植物群落等自然条件因产地、生境的不同而不同，影响着药材的生长发育，造成药材质量的差异。因此，每种中药材都有最佳的种植面积和最佳的种植范围。种植区周围的环境因素，包括种植区产生的污染物，如重金属、农药残留等；工厂和道路排放的废气和污水等外部污染物，以及周围农田喷洒农药时飘进来的化学污染，均会影响中药材的生长发育和中药材的质量。

（2）**肥料选择**：肥料是植物生长的食物，对植物的生长发育很重要，影响着植物有效成分的积累。在 GAP 基地建设过程中，应对种植土壤肥力进行测量和评估，了解土壤的实际营养状况，根据各种中药材不同生长发育时期对养分的需求特点，制定各个基地科学的施肥方案。同时针对各基地的土壤特性、土壤肥力评价状况以及中药材生长特性、药用部位，以不污染植物、不使土壤和药材重金属及有害元素含量超标为原则，与相关企业合作研制开发出适合中药材生长的生物有机肥料，在各种药材试验地开展试验，目前已在多个药材试验点进行试验，初步筛选出多种专用肥料及其使用原则。

（3）**病虫害防治**：以 GAP 基地开展病虫害调查，可以基本发现中药材的主要病虫害及其发生发展规律。应对措施：①采取农业综合防治措施，根据各种药材和不同药用部位的生长发育特点，制定田间管理措施和标准农业措施，包含秋季深耕、精耕细作、合理轮作、播种处理、固苗培育、中耕除草、合理排灌、科学施肥等。②根据中药材各品种的主要病虫害种类、受害部位、发生时期和规律，以及中药材各品种的生长特点，会同有关单位开发多种生物农药、开展田间试验[38]。

4. 农事作业信息采集

农事作业信息采集（图 5-9）是指依托计算机信息技术、物联网技术，结合农业种植过程管理，遵循 GAP 中药材标准化生产要求，提出示范中药材种植管理方案，从而实现信息、技术、物资、经营等全程管理。在中药材的生产、管理、采收等过程中，农事作业信息采集覆盖了中药材整地、种植、管理、收获全链条流程，充分实现了农业资源的合理配置。农事作业信息采集反映了企业精细化管理发展思路，在宏观上实现了企业中药材经营中各个管理过程的同步，能够快速捕捉市场需求和响应，从而确保农产品的高品质，实现精细化生产。在对中药材种植过程中,要有事先计划与事中控制的意识。科学规范各个环节的种植作业,合理调整作业流程,能更好地提高效率、保证质量。

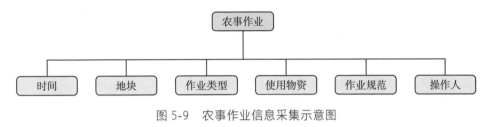

图 5-9　农事作业信息采集示意图

（1）**农事生产规划**：中药企业依据往年市场分析以及对未来的预测,先提出未来种植计划,然后按照地区情况提出年度计划的具体方案,向种植户下发命令,种植户利用移动终端再将种植信息回传到信息系统。整个种植流程中的所有有关检验监测的信息就集成在追溯信息流中,形成了一条从计划的制定到产品的初加工形成产品为止的种植过程溯源信息流。

（2）**农事作业标准**：根据中药材生产质量管理规范和标准作业流程,可提取出中药材在栽培生命周期内的每一次栽培任务及相关作业规范和默认参数值。因该模块是整个中药材栽培流程的规范,直接影响着种植,所以栽培任务模块也能够直接调用政府认可的 GAP 模式下达指令。根据采集到的地理信息和作物类型,企业可以建立种植计划;在种植规划通过后,操作系统实例化了种植规划中相应的中药材 GAP 模式,并由此产生了种植生命周期计划中的种植任务,如什么时候播种、什么时候定植等。

（3）**农事作业任务与反馈**：种植任务将 GAP 模式实例化。整个种植周期虽然是提前规划好的,但也能根据特定状况创建或删除种植任务。因此,在土壤水分不足时,管理者能够临时添加灌溉作业任务,并且移除先前进行的浇灌作业任务。种植计划在得到授权后才能在移动终端中发布信息。种植计划信息包括各类农事种植任务的播种日期、栽培工序、频率、栽培工艺和所需物资。根据农事栽培方案、地域信息,引导用户合理安排各类农事栽培任务,明确每项任务进行时间、种植工序操作流程,提前准备所需的物资,如播种期所需的种子、穴盘、育苗基质、植保产品等。管理者需要在种植任务执行前检查种植任务涉及的信息参数,然后将其发送给种植户,完成对种植户反馈数据的处理。管理者也可在种植任务中跟踪种植计划的执行进度,从而有效提高农事效率,减少人工成本。

5.投入品信息采集

随着中药材生产技术的快速发展和人们消费水平的不断提升,消费者对中药材的需求量大幅上升。中药材生产企业需重视农业投入品的管理工作,建立中药材投入品管控体系,以进一步提高中药材产品的质量和安全性,推动中药材产业的健康发展。农业投入品是人们为实现生产,满足生物生长发育的需要,为获得理想的农产品产量和品质而人为地引入农业生产活动的相关要素。农业投入品主要包括动植物种子、种苗、肥料、诱饵、农药、兽药和饲料添加剂。

(1)**农资供应链信息**:中药企业管理人员在每年的中药材生产前,应按照种植种类及生产作业安排制订农业投入品的采购计划,按照相关国家标准的基本要求,制订允许使用的农业投入品名录,并建立严格的农业投入品准入制度。企业需建立完善的供应商管理体系,形成标准化文件和规定。农业投入品的供应商管理主要涉及三部分,即供应商的选择与批准、供应商的监控与评估、供应商的发展与淘汰。近年来,市场上仍有假冒伪劣或资质证照不全、标签不符合规定的农业投入品,采购人员需在采购前做好供应商的筛选工作。供应商选择重在初步筛选,即要求供应商提供合规的食品安全质量管理及其他相关的资质证照,并对其进行审查。具有合规的相关资质证照是最基本的条件,它能确保供应商为合法组织且符合相关监管部门的要求。例如在初选农药时,应要求供应商提交农药生产许可证和登记证、第三方检测报告(不含化学农药)、农药包装袋(标签信息)等。相关资质证照通过审核后,通常还需供应商提供食品安全质量管理相关的证照、认证书等,如质量管理体系 ISO9000、HACCP 体系等证书,原则上这些证书均为自愿性认证书,供应商获得认证书可在一定程度上反映企业食品安全和质量管理的水平。供应商初步筛选是保障农业投入品来源渠道合法、质量安全的前提。

(2)**投入品出入库信息**:投入品入库时,管理人员应核对物资名称、数量、规格等,同交货人员办理交接手续,严禁使用的投入品不得入库。投入品出库时,需有相关领导签核的领料单,发货时管理人员要严格遵循"一盘底、二核对、三发货、四减数"原则,对未使用完的投入品,当日清点,并退回库中。出入库管理中,需做好投入品物资的出入库记录表。生产记录单录入是指录入生成投料记录单,主要包含产品的名称、条形码、规格、批次、生产时间、生产量、原辅料名称、保质期限等信息。

（3）投入品使用总量信息:系统可对往年某地号种植作物的投入品使用总量进行自动分析,进而预测出下一年度该地号种植作物的投入品使用总量。根据预测数据可以及时调整基地种植作物方案,规范使用农业投入品。在投入品与收成预测模块中,主要内容包括基地年度收成添加、年度预测添加、实际与预测量详细列表等。用户也可以添加农场某一地号作物的年度总收成量,系统会根据地号和种植作物信息自动匹配这个地号种植作物所使用的生物投入品量、化学投入品量、农业设施设备投入品量。在年度预测添加板块中,添加预测的年度,选择预测的类型、作物名称、种植地号等信息,可以在实际与预测板块中查看年度实际量和预测量,包括农场年度总收成量和投入品使用总量。

四、加工环节信息采集

1. 检测信息采集

由于人工种植、饮片炮制研究落后,中药材的质量控制方法落后以及市场监控不力等原因,中药材品种退化及重金属超标等质量问题和以用非药典品种代替药典品种等以次充好的现象时有发生,严重影响着中药材的药效和安全性。中药材重金属含量控制已成为中药材质量控制的重点。为了提高中药材及其相关产品的质量,保障人们的用药安全,也为了让中药材及其加工产品更快更好地走出国门,提升中药材及其加工产品的质量势在必行,特别是要严格控制中药材及其加工产品中的重金属含量。

中药材的安全性和有效性取决于所使用的中药材质量的高低,而重金属是一种严重影响中药材品质的污染源。中药材中的重金属通常包括汞、铅、镉、铬、铜等比重在 5 以上的金属元素,这些重金属元素能直接或通过积累对人体产生不良影响。相关数据显示,因为重金属含量超标,中国大约有

30%的中药材不合格。也正是受中药材中重金属超标及质量标准混乱等因素的影响,世界中药材销量中只有1%左右是来自中国。许多国家都制定了专门的标准和法规来进行控制中药材中的重金属含量,例如,美国禁止含有铅、汞、朱砂成分的中药进口。

重金属易与生物体内的蛋白质(尤其是生物酶)乃至核酸相结合,进而导致酶的生物活性降低甚至受到抑制,从而使得生物体不能很好地合成生物酶,或导致核酸结构改变,阻碍机体生长甚至使机体发生病变。如重金属汞可以与蛋白质或生物酶分子内的巯基、嘌呤基等相互结合,使得细胞的通透性发生变化,从而导致生物体的神经系统等受到损伤,甚至出现急性肾功能衰竭和肾炎。镉可以抑制生物体肝细胞线粒体的氧化磷酸化过程,以及生物酶如过氧化酶、脱氢酶及氨酸酶等的生物活性,使组织代谢发生障碍甚至导致病变发生。砷易与蛋白质及生物酶中的巯基相结合,当生物体内砷含量超标时,往往会导致含有巯基的且参与体内代谢的生物酶失去生物活性。

(1)农药残留萃取和监测技术:农药残留分析前的处理技术主要包括固相萃取技术、固相微萃取技术、凝胶渗透色谱检测技术等。其中,固相萃取技术兴起于20世纪70年代,该技术主要利用氧化铝作为吸附剂对样品进行净化处理,能够取得很好的净化效果,并且已经逐步发展出了完善的工作体系。固相微萃取技术是在固相萃取技术基础上发展出来一种新型的处理技术,操作较为简单,且自动化程度相对较高,能够一步完成无溶剂的样品检测前的提取。凝胶渗透色谱检测技术是将不同分子大小的溶质中的大分子分离出来,然后洗脱小分子的色谱技术。凝胶渗透色谱柱应添加多种凝胶,不同性质和孔径的凝胶可以达到不同的分离纯化目的。该技术的应用较为广泛,在样品处置期间具有良好的净化处理效果。

随着样品药物残留检测处理技术的进一步发展,色谱检测技术得到了一定的发展。但是在检测过程中,为了控制干扰物质所造成的不良检测影响,应该做好检测器的科学选择工作,这是保证检测结果的关键环节。在农产品药物残留检测方法中,色谱法具有很高的准确率,但也存在影响结果的误判。将色谱检测技术和质谱检测技术联合应用,能够做出定性定量的分析,二者联合不仅具有色谱分离度高的特点,同时还具有质谱可以准确鉴定化合物的结构特征的优势,大大提高了定量分析、定性分析的准确性。免疫分析技术是在农产品快速检测过程中应用较好的一种检测技术,具有较强的特异性,灵敏度相对较高,操作较为简单。免疫分析技术在快速检测和筛选过程中发挥着重要作用,在食品安全与药物分析环境检测、农药残留分析的应用比例越来越高,大大提高了农产品农药残留的检测水平和检测质量。

（2）检测信息读取与解析:产品检测信息是中药材质量安全信息的重要组成部分,对消费者来说也是最直观的信息。随着企业所配备的检测设备的不断完善,快速检测变得越来越普遍。快速检测一般记录检测编号、检测产品名称、检测时间、检测值、检测结果、检测人等信息。快速检测仪器可实现无缝集成检测数据,使消费者能够追踪到准确的测试信息。一方面,通过检测编号与批次号及批次号与产品追溯号的准确对应,实现追溯号与检测编号的对应;另一方面,控制数据应自动存储在供应链管理系统中,并一起上传到追溯中心的数据库。编码关联和信息记录后,可通过溯源号追溯包括检测信息在内的各种信息。

在数据分析期间,检测分析数据的数量和检测的数量,如果检测一致,则终止数据采集线程,并将数据存入安全生产管理系统数据库;从探测器自带的存储器中采集数据,采集后对比数据并添加新数据,完成检测数据集的自动读取和分析。

（3）检测信息与追溯标识关联:快速检测一般在采收后和产品包装前进行,这就涉及中药材种植批次与检测编号及包装后产品追溯号的关联,只有有效实现了三者的关联,才能在原有追溯基础上实现对检测信息的追溯。一般中药材生产中以同一地块、同一时间定植、同一时间采收的同一品种中药材为一个批次。同一批次的中药材在采后可能被分成多个单元进行包装,中药材种植批次与包装追溯号之间是一对多的关系;而一般同一个种植批次的产品由于生产操作基本一致,只检测一次,因此包装批次与检测编号是一对一的关系。通过种植批次即可查询到检测编号,检索检测编号对应的检测信息,即可完成对检测信息的精确追溯。

2. 初加工信息采集

中药材加工是指在中医理论指导下,以植物、动物和矿物(人工制品和生鲜制品除外)为原料,将其采收加工成中药材的技术,又称中药材初加工或原产地加工；起初称为采造，现代则称为采制、采集、加工。随着中医药工业的迅速发展，人工种植已成为缓解中医药资源匮乏的重要途径，但也因为中药材种植基地分散，集约化程度不高，贮运的维护和管理难度较大，中药材的品质很容易受到影响。药材采收后，大多还是新鲜的，其内部含水量较高，如果不及时处理，很容易发霉变质，药材的有效成分也会被分解导致丢失，严重影响药材的质量和功效。为防止霉变和变质，便于分级、包装、储存、运输和进一步加工成饮片，大部分药材原料必须在原产地进行初步加工，仅有少数药材必须新鲜使用或保持原状。药材的及时采收和初加工是提高药材产量和收益的关键。"三分种，七分收"，阐明了这个简单而深刻的道理。

　　原产地加工管理可追溯性主要用于中药材原产地数据的采集和跟踪，如清洗、去除、烘干杂质等，可连接生产各个节点，查询库存状态和产品的真实流转情况。中药材初加工示意图见图 5-10。药材的清洗方法主要有喷淋、刷洗、淘洗等。杂质的去除包括选择、筛选、风选、漂洗等，主要是去除非药用部分。由于刚采收的药材含水量高，微生物很容易侵入药材的伤口、皮孔、气孔等部位，造成药物发霉、腐烂变质、流失等，所以，快速干燥是药材加工的关键阶段。然后再随着产品的加工流程把仓房信息、加工技术与设备信息、加工人员信息、添加物信息、包装信息等加工过程信息关联进去。主要分为编码过程、标签、数据读入、网络结构、解析服务和实体标记等六个方面，通过信息的传输和读写来完成中药材信息的定位和描述，并将统一设置的信息代码作为信息交流的途径。

　　（1）挑选与洗涤：挑选主要是为了去除杂质和非药用部分，同时初步分

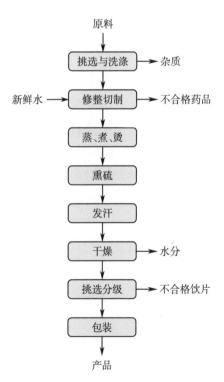

图 5-10　中药材初加工示意图

级,利于分别加工和干燥。洗涤主要是去除药材上的泥沙和污垢,主要用于根、根茎类药材。直接在阳光下或阴凉处晒干的药材和有芳香气味的药材一般不用水洗。

（2）**修整切制**：修剪切制是指用修剪、切割、整形等方法去除非药用部位和不合格部位,使药材干净,便于包装,如剪去芦头、须根、切片、切瓣、截断等。大部分药材都是在原产地新鲜加工切割而成的,这样做的好处是切割方便,切割叶形好,干燥快,减少了一些工序,价格便宜。

（3）**蒸、煮、烫**：某些药材需要经蒸、煮或烫后再进行干燥。含黏液汁、淀粉或糖分多的药材,不易干燥,经蒸、煮或烫处理后,则干燥快,不易生虫。加热时间长短及采取何种加热方应视药材性质而定,药材加热处理后,不仅容易干燥,而且有利于刮皮抽芯。

（4）**熏硫**：在药材干燥前后用硫黄熏制。一些药物经常用硫黄熏制,可以使表面变白,防止发霉和腐烂。这种方法在基层普遍使用,效果好,价格便宜,使用历史悠久。但由于二氧化硫残留量大,经硫黄熏制的药物出口经常受到限制,因此在使用此法时需要谨慎。

（5）**发汗**：将药材烘干或用小火烘干（蒸）至半干或微沸,然后叠放加热以释放内部水分的方法,一般称为"发汗"。根据实际情况,重复"发汗"几次可以帮助干燥,使药材变干、软化、变色,还可以增加药材香味、减少刺激等。

（6）**干燥**：干燥是指去除药材中的大量水分,防止霉菌、昆虫和有效成分的分解和破坏,有利于药材的贮藏,可以保证药材的质量。除了一些新鲜的药材外,所有的药材都应该是干的。常用的干燥方法有以下几种：

1）晒干。利用阳光直接晒干,这是最简便、经济的方法。多数药材用此方法干燥。需注意：①含挥发油的药材不宜采用此法,以避免挥发油散失；②药材的色泽和有效成分受日光照射后易变色者,不宜用此法；③有些药材在烈日下晒后易爆裂；④药材晒干后,需待药凉透后才可以包装,否则将因内部温度高而发酵,或因部分水分未散造成局部水分过多而发霉等。

2）烘干。使用加热的方式将药物干燥。一般将温度控制在 50~60℃为宜,此温度对一般药物的化学成分没有太大的损伤影响,并且保持了酶的活性。对于富含维生素 C 的多汁果实药材,宜采用 70~90℃的高温进行干燥。对于含有高挥发性油类以及需要保持酶活性的药物,则不能使用此法。而对于含有高淀粉的药物,如要保持粉性,烘烤温度宜平缓上升,以防新鲜药物因遇到高热淀粉而糊化。

3)焙干。与烘干方式类似,只是温度略高,且放在瓦、陶器上容易加温。多用于一些动物药材的晾干及研粉。

(7)**挑选分级**:区分加工后的药材的规格级别,是产地加工的最后一个工艺。药材的规格等级也是传统医药的重要质量标准。

五、仓储环节信息采集

1. 产品入库批次管理

批次管理系统是指对全部原料的进出流程实行标识管理和分批管控,以保证产品质量发生问题或需要时可以及时追溯,对中药材生产公司管理具有重要意义。一般来说,批次管理系统是公司提供可追溯信息管理业务中的主要部分。做好批次管理工作,才能确保产品从原材料入库到出厂的每一环节做到工序不漏、数量不差、包装不混杂,一旦发生质量问题,可以快速准确地查出原因。通过设定批次范围,在客户要求发货时,可以按照客户的批次范围完成出货与物流等业务,这是现代仓储批次管理的一个重要环节。对于专门的仓库公司而言,仓库质检虽然不能与工厂相比,但在管理库存时,可以在产品外观上做出初步判断。所以,库存的批次管理也同样存在于入库环节、储存环节和出货环节。

(1)**基础仓库管理**:在仓库内部管理上,首先必须严格区分仓库、存放区、货架和货位,然后在此基础上定义各种功能区(包括存储区、加工区、拣选区、退货区等),并与每一个货位相对应。定义每个产品包装时,即确定了产品包装和托盘之间的关联关系,如段数(存储层数)、表面数(每层存储的件数)和总件数(段数 × 表面数),这样在商品有存货时,就能够自动统计出按照产品包装所需要存放的托盘数量。在产品采购时,可以自动识别商品批次,并录入生产日期、包装尺寸等信息,之后再按照各种进库作业规范进行分批出库管理。在商品上架后,要严格定义进库活动的地点、产品、数量等信息,以做到对库位的存货进行严格管理。为了使以后的业务能够正常进行,仓库规定,含两个批次的同一产品不能存放在一个库区,尤其是有保质期的产品,以免人工来判定产品生产日期时出现的判断失误。

（2）仓储业务管理:在仓库中,所有的进出业务都必须以仓库的位置为依据,并以此为基础进行批量处理。在收货期间,应识别产品批次并增加总仓库库存。入库时,根据产品的入库需要,不同批次的产品按数量计算托盘和入库位置进行入库。最终入库后,各库位的产品库存应可准确识别具体批次,确保产品从原材料入库到出库交付的每个环节做到"五清六分批",实现产品生产过程中的透明化。产品入库主要分为普通入库、归还入库。针对每一种入库类型的特点定义其具体的入库流程和入库信息,并实现系统间共享信息的同步。产品入库批次信息在产品入库时建立,以生产完成后的入库日期加上仓库标识码作为批次信息。仓库管理人员在质检人员完成检测后,在系统中录入零组件信息以及批次信息,该信息录入系统后,通过集成接口将相关信息即时同步并生成入库单。移动仓库时,先设置出库位、批次、数量等产品信息,再设置入库位,使出库位上的产品批次信息和数量转移到入库位。出库时,应严格识别出库的位置、批次、数量等信息,使产品批次库存在出库单上清晰扣除。加工时,应先从入库区拣料到加工区,将产品批次库存转移到加工区库位,再进行加工。此时应扣除该批次原材料的库存,生成新批次的成品库存,包括包装规格、数量、生产日期等信息,最后将加工好的产品移至入库区或拣货区分布区域。盘点时,应对每个地点的产品进行严格清点,差额认定为盈损,盈损产品根据地点、批次、数量、时间等信息来确定哪个批次产品较低,分批减少库存;积压产品应确定产品包装、生产日期等相关信息,生成新批次信息,形成新批次库存。退回产品时,产品被带回仓库,此时可识别产品批次,重新确定产品包装、生产日期等相关信息;将产品退回给供应商时,应严格识别仓库位置、批次、数量等信息,退回后,该批次的库存可能会被明确用完。

（3）先进先出原则:仓库批次管理的主要目的之一就是增加产品的保质期和保鲜期,使每一个产品都能够单独进行管理。而为了实现这一目标,需要对产品采取更先进的先出批次管理。库房应当在入库时严格控制产品的保管期限,不允许超过保管期限1/3的产品入库。在大多数仓库的库房中,要管理保质期的产品将按分批、先进先出的方法进行。在实施中将按照商品的生产日期进行。系统会按照产品的生产日期进行自动排序,优先考虑生产日期最早的产品,而后再按顺序排列出货。仓库管理人员要严格按照制度指引操作,以保证商品先进先出的有效性。在某些特殊情况下,产品不是以先进先出的方式出库,而是以其他方式出库。其中一种方式是后进先出,比如在二级仓库的情况下,为了保证二级仓库存放的产品的新鲜度和库存周转的效率,在发货和出库的过程中,企业一般会按照商品生产日期后进先出的原则来处理。另一种方式是确定分批出货,即管理人员按照具体需求指定特定的出库批次并分别出货。如果店铺退回的特定批次要调到其他店铺中,则必须特定批次方可发送,而指定的批次通常在特定的功能区域内同时发出。

2.产品存储信息采集

通过产品存储信息采集,可掌握仓库现有产品的剩余数量,例如产品存放区域、品质好坏、保质期等。仓库内的产品进销存、产品的摆放位置移动、产品的过期时间等信息,在没有电脑的时代,都是书写记录的。对于实时变动的库位,书写记录显然不是很方便,不利于数据共享,且要统计库存结余,只能根据前一天的库存和当日入库的数量,再减去当日的出库数量来计算。如果有大量产品,那么人工账目是分散的,就需要汇总整理后才能得到想要的结果。通过专门的仓储系统,只要把每次进出、移动等数据都记录下来,电脑就能自动为我们实时计算产品库存。

(1)**产品数量管理**:产品入库会增加库存数量,产品出库会减少库存数量,产品破损、丢失后,我们盘点库存时,也会改变库存数量,下面我们来看一下这些变化。

入库增加库存:产品从工厂生产好后送到了仓库,收货员会进行清点、检查产品质量等,然后会把产品上架到某个库位上,这时会增加该库位的库存。

如产品D入库后上架,库存表中多了一条记录,库位为"B01",数量为"100",状态为"良品",生产日期为"2020-03-01"。一般情况下,如果原库位上有库存,原有库存的生产日期、状态与本次收货产品相同,两批货可以混放在一起,实物完全一致,不需要区分。这时候,我们的库存表通常是通过改变原来的库存记录数量来表示的,如原有 100 件,新入库 100 件,库存 200 件。通常,相同的产品会被存储多次,如果库存状态和生产日期相同,则允许将其放置在同一存储位置,若不同则不能混用。原因很简单,发货时要按照生产日期的顺序,生产日期靠前的先发货,以免将残品发给消费者,导致客户投诉。

出库减少库存:产品的交付将减少库存。如果仓库中的产品全部发货,一般会调整仓库库存数量为 0。如果部分发货,会扣除部分数量。此外,订单发货还涉及占用库存等,这里不作详细说明。

（2）产品状态管理:一般产品在入库的时候会做入库质检,以判断产品是"良品"还是"残品"。在库存表中,我们通过"状态"列可以了解某种产品当前库存的情况。除了在入库初始化库存的时候会对产品状态进行标记外,在日常的库存管理中也可能会修改调整库存的状态,如包装破损、变质、变形等。

通常情况下,仓库若发现产品存在问题,会将其移除并放置在特殊位置。如产品 C 中有 1 件产品损坏,仓库经理将该件产品从 C01 移到 D01,C01 从原本的 5 个产品变成了 4 个,同时库存表新增了一条记录,数量为"1",位置为"D01",状态为"残品"。为避免仓库管理出错,不同状态的产品将分开存放,且库存状态的变化伴随着数量的变化。

（3）产品位置管理:产品存储于仓库内部,通常按"库位"的方式进行产品位置定位。较大的库房一般包括以下几个区:装卸搬运区、整柜存放区、备件区等,然后再把货物置于货位区下,并通过通道、仓库货架组、层位定位产品的具体位置,如位置编号"A01-01-06"就代表 A 区 1 通道 1 楼的第 6 位置。产品入库后被放置在特定位置,需要发货时,则在对应位置找到产品,打包出库。

一个大型仓库存储了数千种产品,这些产品被放置在不同的存储位置。人脑可以记住的信息有限,但计算机可以储存这些位置信息,并实时告诉操作员哪个订单应该从哪里取货。库存位置管理也是管理库存的一个重要方面。仓库管理人员除了将产品放入仓库并放置在某个仓库位置外,通常会定期对仓库位置进行调整,如将出库产品数量较多的产品进行分组;将有缺陷的产品移至特殊位置;将产品移至下层货架等,此时库存表中相应的存储位置和数量会发生变化。通常，调整产品在仓库中的位置是使用 PDA 完成的。比如，A 产品从原来的库位移到新的库位，需扫描产品条码标签从原库位出库，再重新扫描条码标签入库到新库位，系统就会自动完成库存信息储存的操作。

3. 仓储环境监测信息采集

随着物流行业的发展，不少企业对物流服务提出了个性化的仓储需求，中药材行业也需要对原材料和成品的仓储环境进行严格控制。果实对周围环境湿度和二氧化碳、乙烯等气体含量很敏感，需要严格控制储存环境。这种定制化需求给物流产业带来了更多的发展机会，但同时也对仓库环境的实时监测和仓储安全管理水平提出了挑战。所以，确保仓储安全和物流品质是仓库管理的重要环节，而对仓库环境的实时监测也是仓储管理水平的关键。

仓储环境监测是指对食品、农产品、工业品、工业设备等物品的仓储监控和管理，是供应链中非常重要的环节。仓储环境监测的主要目的是及时获得正确的全面反映仓储环境质量状况和变化情况的统计资料，科学指导仓库环境整治和货运管理。对仓储环境进行有效监控，不仅可以保证仓储产品的质量，延长产品的使用寿命，还可以防止产品变质、损坏造成的环境污染，这对整个物流来说意义重大。仓储环境的参数设置可以反映存储环境的状态，影响仓储环境的参数主要包括温度和湿度、照度、气体浓度、灰尘和烟雾。大部分货物在储存过程中对仓库环境要求较高，尤其是要严格控制温度和湿度的变化。粉尘遇明火易爆炸，直接威胁储存安全；烟尘主要由燃烧产生。此外，光照强度、空气流速和空气 pH 值等参数也会影响某些产品的储存质量。仓储环境监测信息采集流程见图 5-11。

（1）**仓储温度信息采集**：通过采集温度传感器所监测的温度数据，监控系统可以通过直观的画面实时记录和显示库房各区域的温度数据和变化曲线，并对越界报警信息进行处理。普通产品的一般储存温度在 25℃左右，现有常温仓库的温度为 0~30℃，所以大部分产品可以在常温下储存，但也有些产品对所处环境的空气温度有非常严格的要求。为保证产品质量和安全，产品在生产、储存、运输和销售的各个环节必须始终处于规定的温度环境中。

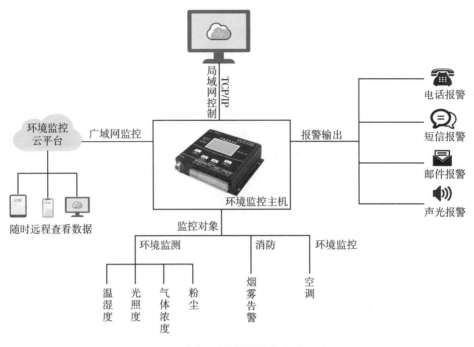

图 5-11　仓储环境监测信息采集示意图

（2）仓储湿度信息采集：通过采集湿度传感器所监测的湿度数据,监控系统可以通过直观的画面实时记录和显示库房各区域的湿度数据及变化曲线,并对越界报警信息进行处理。其中最常用的参数是空气相对湿度。在一定温度条件下,相对湿度越高,越接近饱和状态,空气越湿润,蒸发的水越少。空气湿度受空气温度的影响很大,当温度不断上升时,空气会变得越来越干燥。同一仓内,向阳面及仓库上部温度较高,相对湿度偏低;背阳面及仓库近地面处温度较低,相对湿度偏高。在对产品进行入库操作时,需根据产品对空气湿度敏感度的不同将其存放于仓库中的适宜位置。

（3）仓储光照度信息采集：通过采集光照度传感器所监测的光照度数据,监控系统可以通过直观的画面实时记录和显示库房各区域的光照度数据及变化曲线,并对越界报警信息进行处理。光照度可以表示为被光照主体表面在单位体积上所接受的光通量。在储存环境中,太阳光照度对货物的存储既有正面影响,也有负面影响。化学性质不稳定的化合物在强光线条件下易溶解而产生变质,其在反应过程中产生的大量热量和可燃性气体都会产生重大安全事故。同时，日光也影响着很多微生物的生长，微生物的生长可能导致食品和工业产品的发霉腐烂，严重影响产品的储存安全。这些微生物在日光直射下 1~4h 即可死亡，因此，易发霉的产品宜储藏于光线良好的环境。

（4）仓储气体浓度信息采集：通过收集气体含量感应器所检测到的气体含量数据，监控系统可以通过直观的画面即时记录和显示仓库内各区域的气体含量数值及变动曲线，并对越界报警信息进行处理。不同类型气体的含量也是监控贮存环境的关键参数之一，主要包括氧气、二氧化碳、二氧化硫、乙炔以及各类有害气体。其中，氧气和二氧化碳的含量直接影响着有机物生存活动的新陈代谢过程，是气体含量监控的关键点。另外，具有催熟效果的二氧化硫、乙炔等有毒气体的含量，也是监测贮存环境安全的重要参数。

（5）仓储粉尘和烟尘信息采集：通过采集 PM2.5 粉尘 / 烟雾传感器监测的数据，监控系统可以通过直观的画面实时记录和显示仓库各区域的粉尘含量数据及变化曲线，并对越界报警信息进行处理。大气中粉尘的存在是不可避免的，但是粉尘会对产品造成不良影响，而且如果在一定空间内有明火，很容易引发爆炸。溅射材料颗粒表面所储存的能量称为表面能。表面能的大小与材料的溅射程度成正比，溅射程度越高，表面能越高。粉尘颗粒非常小，具有极高的表面能，并且会发生物理或化学变化。粉尘与空气充分混合后，在遇到合适的条件时会瞬间爆炸，释放出巨大的能量。因此，监测存储环境中的粉尘和烟雾含量，增加环境警报功能，可以有效控制灾难性事件的发生。

六、交易物流环节信息采集

1. 交易信息采集管理

受交易场所、信息、技术、规范标准等约束，当前处于国家医药产业链前端的中药材贸易仍处于农产品流通的现货交易阶段，这使得中药材贸易市场问题逐渐明显，如企业大多规模较小、竞争能力弱、药物零售市场鱼龙混杂、营销模式落后、发展空间不足等,从而导致中药材贸易出现交易环节多、交易成本过高、缺乏透明度、交易效率低下、附加费用多、质量难以控制等问题,对行业发展极为不利。

中药材电子商务交易是指在中药产品流通中采用电子形式进行交易活动,它包括在中药药农、药企、经销药商、消费者及相关医药机构之间通过任何电子工具,如 Web 技术、EDI 电子信息等来共享商务信息,并管理和完成在线商务活动、管理活动和消费活动中的各种交易。中药材的电子交易经营的主要板块包括大宗交易和零售业务。大宗交易是指药农、药企和药商之间大批量中药材的采购或批发交易,包括药企向药农采购中草药(有些药企有自己的中药材种植基地,但中药材种植方主要是药农种植户)以及药商向药企批发中药材或中成药。零售业务即指现在的线上药店经营业务,是药企或第三方向消费者的中药产品零售。

交易信息采集管理是采用中药材电子标签识别的方式将中药材交易信息与溯源信息相结合,构建一套基于中药材质量可追溯系统,从而达到中药材种植、生成、流通各环节信息数据可查可控,交易环节便利可控的目的。交易信息采集管理包括移动终端单元、交换机单元、应用服务单元和后台服务单元,如图 5-12 所示。

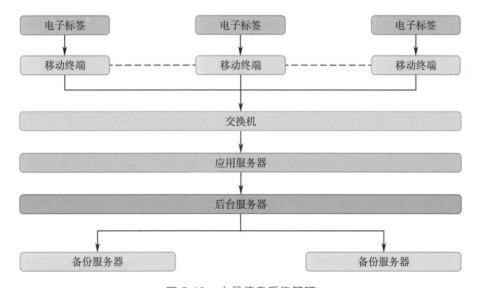

图 5-12 交易信息采集管理

移动终端单元包括电子标签识别模块,电子标签包括射频识别标签和二维码,因此,与电子标签类型相对应的移动终端单元为具有无线通信功能的智能终端,包括但不限于具有射频识别功能的识别终端和具有二维码扫码功能的手机、平板。由于中药材配方多种多样,中药材在交易时通常需要称重设备,故移动终端还应具有相关设备的数据通信功能。

交换机单元包括背板扩充模块和负载均衡模块。背板扩充模块作为交易数据保存和备份的服务器,提供包括但不限于交易请求、交易金额、交易商户、支付请求和交易结果数据的存储功能。负载均衡模块根据所述交换单元各交换机负载状态,分配来自各所述客户端的交易请求。同时,交换机单元支持虚拟交换功能,虚拟化技术可以将两台或多台交换机虚拟成一台路由器,简化配置和管理,实现交换机多机框扩展,提高核心和汇聚节点的性能扩展。

后台服务单元不仅包括基础数据库服务器和备份数据库服务器,还提供第三方应用接口。基础数据库中存储有与中药材电子标签一一对应的中药材种植环节、生产环节、流通环节基础信息以及相应的责任人绑定信息;备份服务器可为基础服务器提供冗余设计,确保信息保存不丢失和系统有效运行;第三方可视化应用接口用于获取后台服务单元中药材交易信息和中药材溯源信息,进而进行可视化显示和统计分析。

2. 物流跟踪与管理

物流是在根据客户的需要将货物从供应地向需要地转移的过程中,所发生的运输、储存、包装、装卸、流通加工、信息处理等相关活动的结合。随着经济的发展和生活水平的提高,消费者对中药材质和量的要求也逐渐提高,这对于中药材企业来说是一个挑战。中药材企业要想在竞争中取胜,就需要降低经营成本,提高客户的满意度。经营成本包括生产成本、管理成本和运输成本。除了生产和管理以外,运输也是企业生产经营活动的一个重要组成部分,它包括装载、包装、流通加工、配送、仓储等一系列物流活动。高效率的物流活动是企业盈利的关键。

中药材企业的生产经营过程中最重要的部分就是对物流、资金流和信息流的管理。其中物流是基础,信息流是物流产生的前提,并保证物流运转的正常进行。在物流的起始阶段需要获得供应信息,之后需要根据运输信息安排运输工具。对物流信息的有效管理是降低物流成本,提高物流管理效率的关键所在。

物流跟踪与管理环节是物流活动的末端环节,它直接对应中药材企业的客户。对于一个拥有众多客户的中药材企业来说,物流跟踪管理就是根据客户具体的位置和需要中药材的时间,利用运输工具把适当的中药材,以适当的数量,在规定的时间,送到规定的地点,送到正确的客户手中。物流跟踪管理流程如图 5-13 所示。执行运输操作的依据是在加工管理环节形成的送货单,这是向客户交付中药材产品的凭证。而车辆的调度和司机的工作情况都将记录在案,其中路线的选择,运输车辆的配载都是十分重要的,可作为工作业绩评定的依据。中药材配送中心的库存管理主要是根据中药材企业下达的采购、配送、调拨所采取的出库与入库管理和仓库内部的库存转移,为中药材配货中心提供实时准确的库存信息,使整个库存水平既处于较低的状态,同时又能满足各中药材加工厂的需要,保持一种动态平衡。

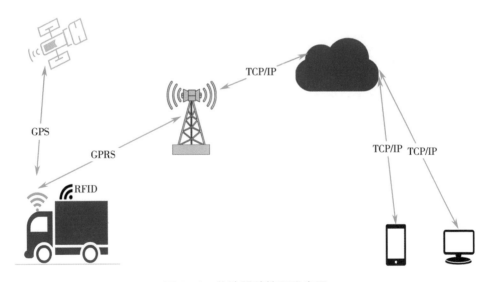

图 5-13　物流跟踪管理示意图

第 六 章

化橘红溯源技术应用案例

一、开发背景

1. 化橘红介绍

化橘红最早记载于清代中药研究者、著名本草学家赵学敏编著的《本草纲目拾遗》。"化州仙橘,相传仙人罗辨种橘于石龙之腹,迄今犹存,唯其一株,在苏泽堂者为最,清风楼次之,红树又次之。其实非橘,皮厚肉酸,不中食。其皮厘为五片七片,不可成双,每片真者可值一金。每年所结,循例具文报明上台,届期督抚差亲随跟同采摘批制,官斯土者,亦不多得。彼土人云,凡近州始闻谯楼更鼓者,其皮亦佳。故化皮赝者多,真者甚难得。"[39]

化州橘红从明朝开始就成为宫廷御用供品,据说在明清两朝,化州官府每年都要把收获到的品质极佳的橘红向朝廷进贡。橘红从开花到采收期间都有官兵把守,亲自清点数量并编号,如果有脱落的,还须向官府注销。清光绪版《化州志》中对此有相关记载:"化州橘红治痰症如神,每片真者可值一金,每年结果,循例报明上官,至期采摘批制,即官斯土者亦不易得。"因此,不论官宦、商贾、文人学士,凡入州地者,无不以获得一两颗化州橘红为幸事。[40]

化橘红是芸香科植物化州柚 *Citrus grandis* 'Tomentosa' 或柚 *Citrus grandis*（L.）Osbeck 的未成熟或近成熟的干燥外层果皮。化橘红品种有光青、副毛、正毛之分,以正毛品质最佳。化橘红的加工历史悠久,传统的加工方法是将化州柚的外层果皮切成角状,或五角或七角,加工成七角的毛橘红药材,往往又称为毛七爪,在传统加工上有"只用单数,不可成双"的习惯。夏季在果实未成熟但接近成熟时进行采收,然后把果实置于沸水中略微汆烫后,将果皮割成 5 瓣或 7 瓣,除去里面的果肉和部分中间的果皮后即可压制成形,最后进行干燥操作。化州柚盛产于广东省的化州市,一般果肉酸苦,果实较小。由于化州市的独特地理特征,化州市所种植的橘红具有独特的药效,在历史的积淀中形成了独特的"化橘红"品牌,我们常说的道地种植的化橘红应为化州市所产正毛橘红未成熟的干燥外果皮。化橘红入药的部位主要是近成熟果实或未成熟果实的外果皮,用作分析有效成分的原材料主要以干燥果皮为主。化橘红的主要有效成分有多糖、黄酮、香豆素类化合物、挥发油等,对化橘红的挥发油成分进行分析,可以得到柠檬烯等 10 种成分。对不同品种的化橘红挥发油成分用 GC-MS 法作比较分析,结果显示,化州柚及柚果皮挥发油含量在 0.72%~0.95% 之间,在检出的 34 种成分中,二者共有成分达 32 种,但化州柚富含的松油烯不能从柚中检出;挥发油中的主要成分均为柠檬烯,含量均高于 37%,柠檬烯及二者均含的 α- 蒎烯、β- 蒎烯都有杀菌抗炎作用[41]。

化橘红制品是“十大广药”之一,素有“南方人参”之称,是宝贵的中药材,具有散寒燥湿、利气消痰、止咳、健脾消食等功效。2007 年,化橘红被国家质检总局批准为地理保护产品。2011 年,化州市获得“中国化橘红之乡”称号。2022 年,化州市化橘红的种植面积达 11.6 万亩,年产鲜果 5 万吨,干果 1 万吨,从事化橘红产业的人员达 35 万人,化橘红生产种植发展空间巨大。

2. 实施基地介绍

优质的化橘红需要种植在特定地域,而化州市拥有得天独厚的气候条件和地理条件,是一个十分适合种植橘红的地方。化州市常年平均气温 20℃左右,全年光照接近 2 600h,降水充沛,年平均降水量约 1 900mm,土地沃腴。化州市栽培橘红的土质是偏酸性的红色泥土,pH 值在 6 左右,土壤颗粒的排列与组合形式良好,有机质为 2% 或更高,富含 Mn、Mg、Fe、Ti 等微量元素及礞石等矿物原料,土地泥土溶解作用强。在这样优越的自然条件和地理条件的基础上,加上多年科学化种植所形成的科学种植技术,使化橘红具有药用价值高、止咳平喘祛痰等治疗效果。因此,化州出产的橘红质量要比非该地区生产的橘红强。化州市范围内栽植的橘红中的有效成分柚皮苷($C_{27}H_{32}O_{14}$)含量在 7% 以上,甚至高达 14%,比其他在非化州市范围内栽植的橘红的柚皮苷含量高了好几倍。

化州市通过多年化橘红品牌的建设和精心打造,已发展 10 多个千亩以上的化橘红产业化栽植基地,打造了多个运用现代农业种植技术的化橘红产业园区,建立了如河西山车等 25 个致力于恢复品种的原有优良特性、培育幼苗的化橘红种源基地。化州市种植化橘红的面积将近 7 万亩,已经有 20 多万种植农户投入化橘红的栽种产业中。2006 年,化橘红成功注册国家地理标志证明商标,并入选为第一批中国广东省对岭南中药材立法保障的中药品种。

　　大合化橘红种植基地位于化州新安镇水口知青农场,北纬22°富含礞石的地带,属国家一级水源保护区,共种植有40多万株化州橘红树,是实现育苗、种植、加工、科研、销售于一体化的大型化橘红种植基地,是化州橘红产业最大的连片种植基地。本系统以大合化橘红种植基地为设计对象,以点覆面,实现化橘红全产业链业务及数据的管理和分析应用,推动化橘红产业的健康发展。

　　3. 溯源体系建设相关政策

　　2016年2月,国务院印发的《中医药发展战略规划纲要(2016—2030年)》(国发〔2016〕15号)中指出,要"建立中药材生产流通全程质控追溯体系"。同年9月,国家食品药品监督管理总局发布了《关于推动食品药品生产经营者完善追溯体系的意见》(食药监科〔2016〕122号),鼓励信息技术企业作为第三方,为生产经营者提供产品追溯专业服务;鼓励行业协会组织企业搭建追溯信息查询平台,为监管部门提供数据支持,为生产经营者提供数据共享,为公众提供信息查询[42]。同年12月,《中华人民共和国中医药法》出台,明确表达了积极支持建设全国中药材流通溯源体系的意见。

　　2017年1月,国家发展改革委和国家中医药管理局联合组建并启动了"国家中药标准化项目",该项目将涵盖100多个中药材种类,可为国家中药材信息化溯源体系建设提供更加丰富的实践经验。同年2月,商务部联合食品药品监督管理总局等七个主管部门共同出台《关于推进重要产品信息化追溯体系建设的指导意见》(商秩发〔2017〕53号),将中药材溯源体系建设项目纳入全国医药溯源体系建设项目的重点之一。

　　2018年7月,国家药品监督管理局发布《中药材生产质量管理规范》,提出企业应当建立中药材生产质量溯源体系,以确保中药材从培育种子、种苗到加工、储存、运输整个流程所有环节的关键点都可溯源。同年10月,国家药品监督管理局发布了药品溯源体系建设的纲领性文件《关于药品信息化追溯体系建设的指导意见》(国药监药管〔2018〕35号),明确了药品信息溯源工作的工作目标、基本原则、内容、主要任务,提出了溯源工作重点、分类分步实施等具体要求。

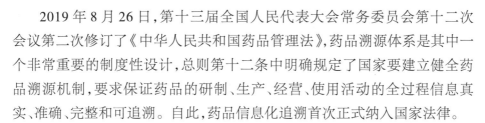

2019 年 8 月 26 日，第十三届全国人民代表大会常务委员会第十二次会议第二次修订了《中华人民共和国药品管理法》，药品溯源体系是其中一个非常重要的制度性设计，总则第十二条中明确规定了国家要建立健全药品溯源机制，要求保证药品的研制、生产、经营、使用活动的全过程信息真实、准确、完整和可追溯。自此，药品信息化追溯首次正式纳入国家法律。

2019—2020 年，针对药品信息化溯源体系建设工作，国家药品监督管理局发布了《药品信息化追溯体系建设导则》等若干溯源规范准则，溯源标准体系逐步完善。[43]

4. 化橘红溯源体系建设目的

优质化橘红的生产对于栽培品种、立地条件、栽培技术、采收及加工等流程有着极高的要求，然而商品经济带来的来源不正、鱼龙混杂、良莠不齐、偷工减料等问题都将给消费者带来严重的利益损害，使化橘红的价值和价格大打折扣。采收下来的化橘红须经炮制才能入药，经科学研究证实，通过不同的炮制方法去处理化橘红，会对其药效、药性造成不同的影响，特别是化橘红中柚皮苷含量会有显著差异。因此是否能坚决落实道地药材种植、坚持传统工艺加工炮制是化橘红产品质量把控工作中的重要一环，是道地药材能否发挥其高品质药效的重要保证，也是化橘红产业健康发展的重要基础。

为此，建立道地化橘红溯源体系，建立一套符合国家和地方质量标准的行业标准，用权威的质量要求、专业的标准促进化橘红的行业发展、品牌发展，此为正本、正源之举，也是防止劣币驱逐良币的持久做法。

借助现代标准和数字化、大数据分析等技术的辅助，建立化橘红溯源应用系统，协助化橘红行业相关企业加入化橘红溯源体系的实际应用中。溯源系统主要以二维条码为载体，对化橘红生产质量安全进行全程追溯。种植基地应用溯源系统，可以实现快速采集与实时上传化橘红的种植信息。化橘红加工企业应用化橘红溯源系统，可以记录上传化橘红加工炮制全流程信息。化橘红销售企业应用化橘红溯源系统，可以记录上传化橘红仓储管理信息和销售信息。所有信息都保存在化橘红溯源应用系统中，实现生产、加工、仓储和销售全流程管控，并通过扫描微信二维码和互联网等方式获得溯源信息，从而保障化橘红质量。化橘红溯源系统可以帮助实现透明化橘红种植、加工、制作流程,建立自身行业标准规范和规程,保障道地化橘红跨区域、跨国传播,这也是对化橘红的品牌与形象的最佳保护。

二、需求分析

1. 中药材种植业分析

(1)**种植技术落后,规范化水平有待提高**:在化州1 500余年的种植化橘红的历史长河中,药农以家庭为单位自行种植是化橘红的主要种植模式,浇水排灌、施用肥料农药、采摘收集等田间操作均以药农多年传承的经验为指导,缺乏大型企业牵头和政府统筹协调规划,缺乏科学的精细化的种植指导,农药施用量存在不合规的情况,常出现化橘红重金属浓度超标等农药残留现象。同时由于对种植地中草药生长生态环境缺乏有效的管理和调控,还会导致环境破坏严重,道地中草药质量下降。种植、加工等操作不规范、不统一的问题,则会导致化橘红的质量不稳定、有效成分含量不高,严重影响其知名度和市场占有率。

(2)**组织管理松散,市场信息不畅**:化橘红的种植、交易多以农户分散种植为主,虽然大型化橘红种植基地、农业合作社等组织日趋增多,但种植经营管理模式还在摸索阶段,组织管理松散,难以获取市场信息,无法平衡供需关系。

(3)**化橘红道地性不足**:化橘红道地性是指化橘红在适宜的特定的土质、气候环境里种植,使其更具有特别的药用价值,这也体现了化橘红的药品质量。但是由于分散性种植以及药农的忽视,拥有道地性的药材逐渐稀少,在性状上及质量上都产生了变异,功效成分难以保证,化橘红药效的稳定性和药用性受到影响。

(4)**市场诚信机制缺失**:由于市场竞争与利益驱使,药农、商家等大多只关注产品产量而忽视产品质量,滥用激素、添加非食用物质的新闻时有耳闻。虽然化橘红产业正在高速发展阶段,但是对应的市场监督和管理规范还不够全面,假冒伪劣产品仍在中草药市场中流通,需要行之有效的监管手段和产品管控方法,帮助化橘红市场的整顿和监控。

2. 订单农业分析

订单农业是指农户在农业生产经营过程中，根据和采购者签订的协议或合同中的生产要求和产量要求进行种植的一种农业生产销售模式。基于种植技术提出的要求及带来的帮助，订单农业不仅可为农户的种植生产提供基础保障，也可有效提高和控制种植产品的质量，还可以减少盲目种植带来的供应过剩和市场风险。

（1）订单违约行为频发生，约束力不大：违约行为在农户和签约企业间都存在。由于法律、信用意识不强，当市场价格高于合同价格时，部分药农可能注重眼前利益，将农产品自行出售，不按合同交货；当市场价格低于合同价格时，部分企业出于自身的利益考虑，不按合同接货。当违约行为出现时，药农可能因为法律意识不强或者因为维权难度高，而放弃用法律的手段寻求自身合法权益，追讨企业的责任；当企业面临个别药农违约时，由于时间成本等因素，会放弃对违约药农的追责。正是由于这种违约责任不落实，订单主体主观上放弃违约追究，客观上削弱了订单的法律约束力。

（2）订单内容不规范，履约率不高：不少订单合同内容不详细、程序不完善、运作不规范，特别是对化橘红的品种、规格、数量、质量和各自应承担的风险、责任以及权利含糊，签约内容缺乏针对性、可行性、科学性、规范性、合法性，法律约束力不强。签约方不重视订单的严肃性，从而在主观上导致农业订单的履约率不高。

（3）订单主体不完备，带动力不强：订单主体多为企业和药农本身，药农多为分散种植，个体能力影响力有限，无法大量供应产品和寻找适合的采购商；而企业需要大量的化橘红，但却需要花时间和成本到各处收购适合的产品。双方信息的滞后，没有合适的市场主体把药农组织起来，对药农也缺少监管，难以形成真正的产业化。

3. 中药材种植溯源分析

建立完善的中药材质量可追溯体系是确保中药材质量安全，实现消费者对中药材从生产至销售全过程信息的快速查询以及实现问题产品的责任追究和有效召回的重要手段，是中国中药材质量管理未来发展的必然趋势。

由于中药材质量的影响因素多，情况复杂，中药材质量追溯过程贯穿中药材从生产到消费的整个过程，周期较长。可追溯技术在中药材领域的应用较晚,导致中药材质量可追溯体系有别于农产品、食品行业,应结合中药材质量追溯的特殊性,认真分析和总结中国农产品和食品可追溯体系建设中的经验和教训,借鉴发达国家较为成熟的可追溯技术体系,从中药材质量追溯与 GAP、GMP、GSP 的关系方面着手,加强对中药材质量可追溯体系的基础理论研究,建立和完善可追溯体系配套技术,制定相应的法律法规及管理规范,逐步实现和推进中药材"从生产到消费"质量可追溯体系的建立。

(1)**生产企业对可追溯体系的认识不足**:建立化橘红产品溯源体系需要企业花费大量精力去研发和投入使用,因此,由于成本的关系,很多企业还未意识到产品信息可追溯对于品牌乃至产品推广的重要性。研发费用高昂、溯源体系建立的效益率等这些问题,都会影响企业建立可追溯体系的主观能动性。

(2)**消费者对可追溯体系的了解不足**:由于消费观念和消费渠道等差异,对于习惯传统方式的消费者来说,他们对产品溯源的认知度不高,也并不注重,对如何选择好产品、如何辨别好产品缺乏了解,鲜少会用智能手机扫描或登录网站查询等方式查看产品的溯源信息,这对溯源体系的发展运用来说是一项挑战。

(3)**法律法规及管理规范有待完善**:中药材质量可追溯体系的实现依赖相关法律法规的保障,而中国药品安全法律体系和标准体系不够健全,有关管理规范标准部分不够完善,与国际标准相比仍有相当的距离,这一现状制约了中药材质量可追溯体系的建立和完善。

(4)**监管力度较为缺乏**:产品的溯源信息一般都是各家产品供应商提供的,没有统一的监管机构或体系对其监管,缺乏一定的公信力,中药材质量可追溯体系推行的难度增加。

4. 业务目标分析

(1)**管理提升的需求**:化橘红种植企业管理的种植面积较广、划分的种植区域多,管理的人员、物资、订单等工作量巨大且繁杂,传统的管理方法无法满足日常管理工作的需求。以 GIS 为基础,结合互联网、大数据思维,将大数据、云计算和可视化等前沿技术与地理信息技术相结合,可以帮助实现化橘红种植、加工、销售全流程的信息化、精准化管理,解决种植精准

管理技术手段缺乏问题,支撑化橘红生产销售企业快速提质增效、药农脱贫增收。

（2）科学决策的需求:运用大数据和云计算等技术,挖掘数据价值,实现化橘红生产销售数据的横向和纵向对比,帮助相关企业、单位通过平台实现快速查询、统计分析数据,以指导中药材的科学种植,为化橘红产量估算、销售分析等服务和决策判断提供数据基础和科学依据。生产销售企业通过对数据的上报,让政府相关部门也能快速获取化橘红产业数据,为行业指引提供正确方向。

（3）持续发展的需求:全面统计企业种植生产、物资供应、产品交易、产品追溯及物流配送等数据,对企业运营进行监控,运用分析模型及可视化工具,监测、分析运营态势,及时制订种植、生产、市场调控策略,避免因为质量或价格出现巨大波动给企业带来重大损失。

5. 规范化需求分析

无论是药农分散种植还是基地规模化种植,化橘红种植过程大多还是靠种植人员自身的经验种植,记录数据大多采用手工纸质文件或电子表格等,种植流程管控大多靠电话等即时联系工具,容易存在不规范或错漏的情况,也难以为后续种植计划产量估计等工作提供预测和统计数据。

研发一套化橘红种植管理信息化系统,运用现代技术的手段,实现种植流程标准化和数据规范化,可以让种植人员按流程规范种植、记录数据,从而实现整体数据和微观数据的及时查看、精准管理,提升工作效率。

6. 系统角色职责分析

（1）组织架构:溯源系统的企业内部架构一般由生产技术部门、生产管理员、加工部门、仓储部门、质检部门等组成;对外的协同架构一般由药农、合作社、其他种植企业以及政府部门等组成。

（2）角色与职责

1）生产技术部门:负责公司种植计划的制订与下达;采收及加工的管理监督;对生产管理员进行管理、指导和监督;为田间管理遇到的问题提供专家指导服务;协同采购部门做好物资的发放、调拨和使用;负责溯源信息的管理和维护。

2）生产管理员:负责组织本片区药农合作社实施种植生产;指导和跟

进各项工作的实施情况,包括土地整理、种植、树体管理、土壤管理、水肥管理、植保管理、采收管理、苗情管理、生长评价和问题反馈管理等;和责任区域的药农、合作社等签订订单。

3）加工部门:负责组织化橘红采收后的管理及加工工作;指导和跟进各项工作的实施情况,包括压片、切丝、烘干、筛选、包装等。

4）仓储部门:负责本公司的物资出入库、物资调拨、产成品验收入库等的管理与统计。

5）质检部门:承担企业生产产品的质检;承担原材料等物料的入库检查;负责化橘红产成品的质量总验及合格证发放;协调其他部门处理废次品。

6）消费者:能够通过扫描商品上的溯源码,查看化橘红产品的溯源信息。

（3）**系统权限**:应用系统的授权管理是根据角色进行设置的,不同的角色具备不同的权限,以保障系统的安全性和保密性。用户通过角色与整个系统发生关联性。整个系统包括应用系统资源以及系统内各种功能模块资源。角色经过与应用系统资源的绑定,使该角色的用户也可以登录到该系统内。而角色经过与操作系统功能模块资源的绑定,使登录到系统内的该角色的用户也可以利用在该系统内与角色资源捆绑的各种功能,最后完成基于用户的角色资源的授权管理。

1）药农:查看生产任务、信息查询。

2）种植企业:生产管理、仓储管理、质量监管、信息增删改查、信息发布、信息查询、溯源码管理。

3）加工企业:加工信息管理、仓储管理、质量监管、信息查询、信息上传。

4）物流企业:物流信息管理、信息查询、信息上传。

5）销售企业:销售信息管理、信息查询、信息上传。

6）政府人员:信息查询。

7）科研人员:信息查询、生产任务。

8）管理员:信息增删改查、角色设置、权限设置。

9）其他人员（如消费者）:信息查询。

三、化橘红标准体系

化橘红标准体系指的是从种子种苗培育、种植技术规程、病虫害防治、灌溉施肥技术规范、产品加工工艺规程、产品分类及等级标准、饮片质量标准等方面整合出的化橘红从选育种植到加工销售全产业链上的标准规范规程,旨在形成一套统一的、规范的化橘红产业标准,打造化橘红的品牌度,提高公众认知度,推动化橘红产品畅销中外。

化橘红种植生产标准规程主要参照《中药材生产质量管理规范》来制定的化橘红的生产种植全过程,从源头上控制化橘红、化橘红饮片及中成药的质量,促进化橘红生产标准化、规范化,最终达到满足国内国外的质量要求,推动化橘红市场的发展,并实现药材真实、优质、稳定、可控的目的。而化橘红 GAP 种植能规范化橘红种植生产全过程,控制影响化橘红生产质量的各种因素,保证化橘红有效、安全和质量稳定,满足药企和市场要求,是化橘红生产和质量管理的基本准则,也是一项保证化橘红质量的重要工程。实施化橘红 GAP 种植规范,可以促进化橘红生产结构调整,促进化橘红产业化,增加农民收入,促进区域经济发展,逐步建立化橘红规范化生产体系,提高道地药材质量和竞争力。

1. 范围

本标准规定了化橘红的育苗、栽培管理、病虫害防治、产品加工等工艺规程。本标准体系将运用于化橘红的标准化生产全过程中。

2. 规范性引用文件

本标准体系用以下的准则文件为参考来制定本标准条款。对于那些列明时间的参照文件,所有后续修改(正误表内容除外)不适用于本标准。但是,以该标准为基础的协议当事人最好研究是否可以使用该文件的最新版本。

《农药合理使用准则》(GB/T 8321)

《微生物肥》(NY/T 227)

《绿色食品 肥料使用准则》(NY/T 394)

《无公害食品热带水果产地环境条件》(NY 5023)

3. 术语和定义

下列术语和定义适用于本标准。

（1）**圈枝苗**：指用圈枝技术促使枝条生根后再将其剪离母体而成为的新的植株。

（2）**嫁接苗**：指通过嫁接技术将化橘红的枝或芽嫁接到另一植枝或干上愈合长出的植株（苗）。

（3）**实生苗**：指用成熟化橘红种子直播培育出来的植株。

（4）**健壮枝条**：指 5~15 年树龄、无病虫害的 2~3 年生的粗壮枝条。

（5）**礞脱石**：含钾素成分较高的云母石。

4. 育苗

（1）**圈枝育苗**

1）圈枝：

枝条选择：选择化橘红母树的健壮枝条，径粗 2~3cm。

圈枝时间：四季均可进行，一般以春季 2—4 月"随花驳，随果落"或秋季 7—8 月较好。

圈枝操作：首先在入选枝条距分叉 7~8cm 处环割两刀，两道割口相距 2~4cm，深至木质部，在其间纵割一刀，将两割口的皮剥除，刮净木质部表面的形成层或裸露数日；然后，将黄泥∶草木灰∶过磷酸钙按 200∶1∶1 的比例混合后，加入适量水，调成稠泥浆，再将浸泡 3 天的稻草放于泥浆中，充分搓揉，做成中间大、两端小的稻草泥条作生根基质，以上圈口为中心，拉紧泥团表面，在泥团外裹上薄膜保湿，两端用绳扎牢，如薄膜内积水，应从下侧打孔放水，以防烂根。

2）假植：当圈枝长出 3 次根后，用枝剪或小锯贴近泥团下方，把枝条连泥团剪下，小苗落树后剪去枝条上过多的嫩叶、嫩枝、弱枝，留 3~4 片老叶，可直接定植大田或假植。假植用小竹筐或育苗袋，装满以肥沃园土为主，加腐熟堆肥 20%、过磷酸钙和草木灰各 1% 均匀混合的营养土，植入竹筐后再移入大棚，二次梢老熟后即可假植大田。

（2）**嫁接育苗**

苗圃选择：选择交通条件好，阳光、水源充足，排灌方便，地下水位在 1m 以下，结构良好，pH 值 4.5~6，富含有机质的土壤作为育苗地。

整地：育苗地要提早犁翻晒白，再反复犁耙，除净草根和杂物，每亩撒施 500kg 以上的土杂肥，以及适量沤熟的花生麸等作基肥，耙匀再起畦。苗床宽 1m，高 25~30cm，四周开通 30cm×40cm 的排水沟。

砧木培育：选择其同科如橘、柚等的种子，稍晾干后即可播种。播种密度为株行距 20cm×12cm，播后覆盖泥土及稻草，淋水保持土壤湿润，待种苗长出地面后，把稻草除去。苗木长出一托新梢，待充分老熟后开始松土，以后每隔 20d 松土施肥一次，到苗高 30cm 后每月施肥一次。

嫁接：选取化橘红母树健壮枝芽条作接穗，在 3—6 月或 9—10 月气候适宜时进行嫁接。采取切接法，具体操作：①在砧木离地面 15cm 处剪顶，选择树皮平直的面，向斜削一刀，使削口成 45° 的斜面，在斜面一边稍带木质部处垂直向下切一刀，切口长 2.5~3cm；②将接穗截成长 2.5~3cm，每个接穗留芽 1~2 个，把接穗枝条平直向下，接穗下端削成 45° 的斜面，在平直稍深入木质部处平削一刀，切出比砧木切口稍短平滑的切面；③把接穗切面向内插入砧木切口，使砧穗之间两边的形成层对准吻合，若砧木和接穗大小不同，起码要有一边的形成层对准，用薄膜缚扎固定，并将嫁接位及接穗全部包裹密封。

接后管理：嫁接后，要经常检查，防止蚁咬穿薄膜，抹除砧芽。芽眼萌动后，及时剪穿芽眼薄膜让芽长出。当嫁接苗长出第一托梢叶片充分老熟后，进行除草、松土，并开始施肥，以农家肥为主，勤施薄施，先淡后浓。第二托梢叶片充分老熟后及时把薄膜带解去。

（3）**实生育苗**：取正毛化橘红成熟果每股瓤顶上的首粒种子，按以上方法进行。

（4）**苗木出圃和运输**

苗木（圈枝假植苗）出圃要求：苗高 40cm 以上，第二托新梢老熟。嫁接苗要求：嫁接口愈合好，上下均匀，苗木接穗部分高 20cm 以上，主干径粗 0.8cm 以上，苗木生长健壮。出圃时要按大小、高低进行分级。

苗木运输：圈枝假植苗和嫁接苗在搬运时不能直接拿苗木主干，因幼根小而泥团过重，易使泥团拉脱。苗木应先装薄膜袋，然后用纤维包装带扎缚。装车时苗木与车厢垂直，按"品"字形叠 3~4 层装运。裸根苗起苗后应用黄泥浆浆根，每 2~50 株绑成一小扎，装车直放或垂直放运输。

5. 果园开垦

园地选择：除要符合《无公害食品热带水果产地环境条件》（NY 5023）的有关规定外，宜选择阳光、水源充足，坡度在 25°以下，土层深厚，pH 值 4.5~6，土壤结构良好，有机质丰富，特别是礞脱石、钛、镁元素丰富的赤红壤山地或坡地。

果园规划：果园道路分主路、支路、小路。大型果园必须有主路，可通汽车。小区之间要设支路。果园梯田上方或与山顶交界处环山开一条 50cm×60cm 的环山农田保护沟，防止松土冲入农田。此外，还要修筑必要的道路、排灌和蓄水、附属建筑等设施，营造防护林。防护林宜选择速生树种，且应与橘红没有共生性虫害。

山地果园的开垦主要步骤包括：

1）清理杂物：清除树头、石头、杂物，恶草要连根除尽。

2）开垦梯田：开垦成等高的梯田，梯面外高内低反倾斜 12°~15°。梯田外埂内沟，宽度为 2m 左右，每隔 30cm 左右留一小埂，防止水土流失。

3）种植规格：规格以 5m×6m 为宜。

4）挖穴施基肥：山地的挖穴标准为 1m×1m×1m，平坡地为 80cm×80cm×60cm。若种植枝苗，可按"回"字形挖法，即在穴离地面 3/4 处留如小碗大的实土，防止种植后植株下陷。

5）施基肥：挖穴后暴晒 1~2 个月，进行回穴。每穴施绿肥或土杂肥 25kg，过磷酸钙、石灰各 1kg，分层回泥，将松散的泥土压实后再进行种植。

6. 定植

定植时间：春植为 2—4 月，秋植为 8—10 月。

定植方法：定植时把苗扶正，用松碎土回泥，轻轻压实。覆盖深度以盖过植株泥团 6~8cm 为宜，种植后在距苗头 10cm 处斜插一条木柱，与苗成 45°角，将苗固定，并在树穴的周围做一个 80cm 宽的形树盆，盖上杂草，淋足定根水。

7. 幼龄树的管理

种植后至萌发新梢叶片转绿前，做好水分的管理工作，保持土壤湿润，防止干旱或积水。圈枝苗种植后，每天淋水一次，5d 后隔 3~5d 淋一次，直到萌发新梢叶片转绿。

第一次施肥要在新梢老熟后,以后每萌发一次新梢,施两次肥,一次壮梢肥,一次新梢老熟肥。肥料种类以有机肥为主,用人畜粪便或花生麸加过磷酸钙沤制腐熟的液体肥,在植后第一年用浓度为 15%~20% 腐熟的液体肥施肥。施肥方法为第一年在树头下泼施,2~3 年后开盘状穴或半月形沟施[44]。

整形修剪:幼年树整形一般有抹芽和拉线整形两种,抹芽在芽长 2~3cm 时进行,拉线整形在芽刚抽吐时进行。

幼树修剪以轻剪为原则,除整形必须修剪的枝条外,一般只疏剪交叉重叠枝、病虫枝,短截生长旺盛徒长枝和直立霸王枝。

8. 结果树的管理

施肥管理:肥料的使用除了要按照 NY/T 277 和 NY/T 394 的规定外,还应鼓励多施有机肥料,合理施用无机肥料。

施肥数量与次数:根据产果量和植株生长情况而定,一般生产 50kg 鲜果需施纯氮 1.2~3.5kg、五氧化二磷 0.6~1.5kg、氧化钾 1.5~2.8kg。全年施肥主要分 3 个时期:①花前肥,秋梢老熟后,在小寒至大寒前一次施下,氮、钾各占全年量的 20%,磷占全年量的 30%。②壮果肥,谢花后分 1~2 次施下,氮占全年量的 30%,钾占全年量的 45%,磷占全年量的 40%。③促梢肥,采果后分 2 次施下,氮占全年量的 50%,钾占全年量的 35%,磷占全年量 30%。施肥时以有机肥为主,合理使用无机肥料。[45]

树冠管理:对于化橘红初结果树,主要是疏通交叉重叠枝,短截徒长枝及过旺枝。对于成年结果树,主要是促使树冠立体结果,以短截修剪为主,做到“看树修剪,认枝修剪,去弱留强,间密抽稀”。若树体过老,枝条生长力衰退,要进行枝条更新,枝条更新一般在夏季进行,对树冠中上部径粗 0.8~1.5cm 的枝条进行回缩短截,培育新梢。

花果疏理:花果疏理包括控梢促花、疏花、疏果等三个方面。

1)控梢促花:化橘红在温、湿、肥等条件适宜时会萌发冬梢,消耗大量养分,不利于开花结果,可通过施水制肥、人工摘梢或其他方法进行控梢促花。

2)疏花:化橘红首年花全部摘除,第二年以后,于 2—3 月开花时,在保证有足够雏果的情况下,将过多的花采摘,保证雏果能正常发育。

3)疏果:化橘红在4—5月正处壮果期,对于结果较多的枝条,要将一些弱果和霸王果采摘,与生理落果一起收集待加工。一般按三年树龄保留化橘红果10~30个,四年树龄保留40~100个,五年树龄保留100~200个,六年树龄以上保留300~400个为宜。

9. 防治病虫害

病虫害的防治以加强栽培管理、冬季清园及生物防治为主。

10. 采收与加工

化橘红花:将生理落花和经疏理采摘的花一起除去杂质并进行烘干或晒干。

化橘红胎:将重量在150g以下幼果和生理落果,用沸水烫后烘干。

化橘红(珠):将重量为150~230g的化橘红果,用沸水烫漂后烘干或直接高温烘干。

化橘红片的加工:将重量在230g以上的正毛、副毛化橘红果采摘后,经沸水烫漂或高温将其烘断青变软,再用切刀在化橘红果球顶端开刀,往下行半径切至3/4时收刀,共切7刀,成为7爪橘红片,削去果内瓤,烘干。

采收时间:一般在5月初至6月中旬。

11. 鉴别

(1)**正毛化橘红**:正毛化橘红果表面呈类白色或棕黄色,有不易脱落的柔软绒毛,皮下油室点细小密布,气味芳香,柚皮苷含量≥7%。

(2)**副毛化橘红**:副毛化橘红外观呈黑色或灰黑色,绒毛容易脱落,略有芳香味,柚皮苷含量≥5%。

四、总体设计

(一)总体设计原则

1. 统筹规划,分步实施

加强顶层设计,改进整体协调工作机制。系统的设计应遵循严格的设计原则:以业务为导向,以数据为主心,以集成为关键,按建设模式的顺序展开设计工作。

以业务为导向：以中药材种植生产管理为中心，以业务为设计导向，以服务业务为最终目标。

以数据为主心：数据是系统价值的具体化和辅助业务的基础，所以整个系统设计应围绕着数据进行，包含数据标准、数据保存、数据交互、数据处理。

以集成为关键：在系统的建设中，集成是关键，建立单一的业务系统相对比较容易实现，但只有整合业务和数据，系统的优势才能真正体现出来。

按照建设模式的顺序展开设计工作：按照制定规范、搭建框架、业务开发、最终集成的模式进行系统设计。

2. 改革创新，惠农利企

通过技术创新和流程升级，重点解决不利于中药材种植，生产数据孤立、偏差，管理、协调、联动机制不完善等问题，加快中药材技术、产品、管理、服务、模式等多种创新，以服务中药材企业发展为中心，以惠农利企为导向，以实际需求为重点，提升药企和药农的获得感和满意度。

3. 标准规范，安全可控

重视中药材种植数据标准化建设，构建中药材生产系统标准规范体系。协调好发展与安全的关系，强化安全意识及风险防控能力，推进行业自律和社会监督，加快信息安全保障体系稳步发展。

4. 通用原则

系统设计还需满足以下几项通用原则。

（1）实用性：系统设计需满足用户不同角色的使用需求，针对不同的操作使用人群设计不同的操作程序，方便不同角色的用户工作；既要尽可能地尊重用户单位现有的管理模式和经验，使用户的实际运行惯例得以继承，又要形成中药材企业数字化管理的统一操作界面和操作风格。此外，必须建立在现有业务数据、资源数据的基础上，与现有业务形成互补，减少使用者的工作量。

（2）可靠性：系统的操作可靠性必须得到切实可行的保护，系统设计开发技术要具备一定的稳定度和成熟度，使系统设计达到国内的优秀水平，并能满足长期管理的实际需要，否则就可能会造成巨大的物质损失和社会影响。若系统不具备可靠性的保证机制，将直接影响到系统的实际有效价值。

（3）**安全性**：由于系统数据中包含庞大的药农实名信息及有关企业运营管理的生产资料和经济资料，因此系统建设要确保安全性。为了保护系统的安全性，将实施安全防护措施和设置系统管理授权等操作，防止数据被盗取、删改。

（4）**先进性**：考虑到系统的开发和市场价值，要充分利用先进技术和方法，要采用符合发展趋势的技术，设计时要有前瞻性，开发技术的先进性会直接影响系统的寿命周期。

（5）**开放性**：这是当今计算机系统发展的必然要求，系统只有开放了，其经济性和易维护性才能得到保证。

（6）**经济性**：在符合系统建设内容等条件下，最大限度地减少用户投资是系统设计的原则。

（7）**扩展性**：系统的设计和建设应当要考虑到中药材生产企业管理系统的持续变更和版本更新的特点，并能够持续适应后台管理数据库和业务应用系统的变化和发展。

（二）总体建设内容

化橘红溯源系统的建设联合了政府、企业、农户、消费者、科研人员各体系的力量，运用大数据、云计算等技术对整个化橘红产业链数据进行实时数据采集，包括化橘红的种植、采收、加工、仓储、销售、收支等数据，搭建以决策为基础、以模型为基础和以方法为基础的数据库，借助数据融合、大数据关联分析、深入挖掘和整合人工智能及其他产业大数据的技术手段，开发契合产业需求的信息服务产品和大数据分析平台，建立起面向全产业链的信息溯源服务与信息共享机制，打通产业链各环节之间的数字沟壑，促进化橘红产业的健康发展。

化橘红溯源系统包括云服务大数据中心、可视化平台、种植管理服务平台、溯源管理服务平台、订单农业电子签约平台和系统管理平台。

1. 云服务大数据中心

基于云存储技术搭建，以化橘红种植的地理位置、品种、营业主体、合同、种植记录、气象、病虫害、作业指导、专家服务等核心数据为基础进行建设,后续逐步完善政府补贴、交易、物流、金融和保险等其他数据,形成化橘红种植管理的大数据中心。建设大数据支撑平台,其中包含大数据共享与交互平台、大数据计算平台、大数据处理平台、人工智能平台、分析平台、可视化平台,为化橘红大数据应用提供运行环境支撑。

2. 可视化平台

化橘红的种植信息包括种子/种苗、地块(位置/面积/界线)、肥料、农药、田间管理、种植采收时间、质量等级、土壤肥力、大气情况、订单信息等,这些数据的特点都是与地理位置高度相关。依托 GIS 技术集合卫星影像图资源、导航地图资源及地块矢量数据,采用可视化流程设计,将多维多源数据进行汇聚、复现和筛选提取,并按纵向、横向的方式进行组织展示,进而打造化橘红种植信息可视化平台。信息可视化平台可为管理和决策提供有力支撑,也是对外展示的重要方式。可视化平台的建设内容主要包括以下几个方面:

(1)建设品种分布可视化板块,按作物品种进行地图可视化展现,可帮助经营者直观掌握作物品种分布情况。

(2)建设订单信息可视化板块,按订单签订情况进行地图可视化展现,帮助经营者直观掌握各区域的签约数量、价格、面积、预估产量和履约等情况。

(3)建设种植管理可视化板块,将田间管理的情况进行地图可视化展现,帮助经营者直观掌握具体工序进度、物资使用及作物长势等情况。

(4)建设种植环境可视化板块,将土壤信息、气象信息和大田物联网信息等进行可视化展现,帮助经营者直观掌握各区域的种植环境。

(5)建设综合分析可视化板块,将各种信息按一定规则和算法进行可视化复现,为分析决策提供支撑。

3. 订单农业电子签约平台

传统纸质订单合同签约产生的费用高但效率低,且纸质合同对存放环境的要求苛刻,查阅时也相当麻烦。除此之外,在纸质合同签名过程中无法确认签名者的身份,盗取私自刻印公章和篡改合同时有出现,伪造和代他人签名的危险性也不容小觑。为了避免上述问题,运用电子签章技术开发订单农业电子签约平台,以实现合法合规签署电子合同和合同管护。

电子签章技术已十分成熟,在银行、保险、企业等得到了广泛应用,政府多次鼓励将该技术应用到更多的领域中。电子签章技术具有以下特点:①便捷高效,在几秒内就能完成签名流程,支持电脑、手机、微信等多种终端签名,不受时间、地点限制。②网上签名所产生的费用低,不需要打印和邮寄纸质合同,比传统纸质合同减少了 95% 以上的费用。③安全有保障,通过实名认证和国家权威 CA 数字证书,确保身份真实有效;可以使用官方授权和公章授权等;文件固化 + 区块链技术可以有效防止内容被改动。④合同管理操作简单便捷,云在线存储,能长期保存,合同查找、浏览、调档、存档以及其他管理工作实现电子化。

订单农业电子签约平台建设包括电子签约管理平台(后台)和移动电子签约 APP 两个部分。电子签约管理后台可以实现所有农业订单的统一存储,并通过可视化技术实现分级分类管理,提供合同的查询、详情查看、统计汇总、履约管理和自动预警等综合服务功能。

4. 种植管理服务平台

规模化化橘红种植具有品种多、分布广、农户多、种植周期和批次差别大等特点,存在种植管理指导难、跟进难、服务难等实际问题。以往种植化橘红大多采用"人工 + 报表"或"电话 + 微信"的管理方式,管理的多等级、多权限之间的联合工作缺乏技术支持,信息无法实现统一的系统化管理,数据难汇总、难比较、难分析、难追溯,从而导致管理事务繁重,隐性知识无法沉淀利用,化橘红品质无法保证,这些都对企业和农户的收益有着直接的影响。

利用云技术、移动互联网和物联网等技术在大数据收集、集中分布式管理、精准服务推送和上下游互动方面的优势来构建化橘红种植管理服务平台,制定相应的制度及合理的人员安排计划,打破地域限制,实现多层级高效协同,既可满足公司统一管理的需要,又可把田间管理落实到地头,大大地提高了化橘红种植的管理和服务水平,实现降本增效、提质增产。

化橘红种植管理服务平台的建设内容包括:种植服务管理后台、种植管理 APP、农户反馈微信小程序和物资管理平台。

（1）种植服务管理后台：集成了生产计划板块和专家服务板块。公司技术部门可通过种植服务管理后台按不同种植区域制定各自的生产计划，包括作业类型、作业要求、物资配方等，并通过种植管理 APP 精准推送给不同种植区域的管理人员，便于管理人员对农户进行现场培训和指导，最终实现方案计划的到村到地。同时公司专家团队可通过业务协同平台及时查看农户反馈微信小程序中收集的各种问题，并通过平台将回复的指导意见一对一精准推送到每位农户。

（2）种植管理 APP：管理人员可接收查看作业计划，并利用 APP 通过图片、文字、录像等方式实时记录计划执行情况和化橘红的生长情况，记录的信息将直接上传到云服务大数据中心，从而实现不同区域不同化橘红信息的集中分类管理。

（3）农户反馈微信小程序：农户可通过专有小程序可实时反馈种植过程中遇到的问题，并获得公司专家团队的指导意见。

（4）物资管理平台：帮助实现物资出入库的统一管理，并按不同区域进行物资的配送登记管理，便于成本的统计和物资的调拨。

5. 种植溯源管理服务平台

除了本身应具有的最基本的功能外，中药材还拥有农产品和药品这两种产品特性。从农产品的角度上看，中药材种植生产的标准化程度低，质量标准测定难，受原产地影响大，种植耗时长，种植加工规程繁复，从而可能导致出现一些质量问题，如残留农药过多、加工粗劣等。从药品的角度上看，中药材同时承担着治疗疾病的功能，因此，药材的质量问题会对疾病治疗造成影响。2019 年，商务部等七部门共同制定并发布了《关于协同推进肉菜中药材等重要农产品信息化追溯体系建设的意见》，旨在实现来源跟踪性、目的地跟踪性和责任性，从而督促药企用可追溯的中药材。

溯源管理服务平台以药源管理任务为根本出发点，以种植管理服务平台和订单农业电子签约平台的数据为基础，结合质量标准数据、企业数据、产品核验数据等重点打造化橘红种植生产溯源体系，最终通过扫描产品物料卡上的二维码实现对化橘红产品的种植历史、加工流程、销售信息等的追根溯源。

化橘红种植溯源管理服务平台的建设内容包括：种植溯源管理后台和溯源二维码生成。

（1）种植溯源管理后台：按药用植物 GAP 管理流程对溯源信息进行统一集中的管理，提供溯源信息的提取、编辑和确认功能。检验管理部分包含药典检验项目维护、采收前检验、出原料库检验、成品检验、自动生成检验单等内容。农田管理部分包括区域信息管理、种植历史信息管理、地理环境信息管理等内容。田间管理部分包括合同信息、地块信息、种植、施肥、除草、病虫害、采收、初加工以及其他田间管理信息等内容。采购部分包括已采收农田信息、标签及表格生成等内容。

（2）溯源二维码生成：包括自动生成、批量生成、历史码管理、打印等。溯源服务平台通过溯源二维码实现对内管理和对外服务。建立内部管理溯源 APP，通过扫描溯源二维码实现合同信息、地块信息、种植户信息、田间管理信息、采收时间信息等的查询，利于内部药源的快速检索。建立溯源微信小程序，为公众提供溯源信息查询服务，包括公司信息、种植信息、产品核验信息、包装信息、运输信息等的溯源，让消费者能放心选购产品。

6. 系统管理平台

从系统权限、运维、升级、互联、部署等需求出发，建立系统管理平台。

（1）统一权限管理：通过建立统一用户管理、应用管理、服务管理等核心组件，有效管理系统接入和系统数据及功能的访问，实现统一消息服务。

（2）运维管理系统：建设平台运维管理系统，实现对平台各系统运行情况的统一监控、运维。

（3）统一可信验证：建设平台统一的可信验证系统，实现对平台政府用户、企业及社会公众统一的身份认证和单点登录。

（4）接口管理：与相关系统进行对接，包括企业内部和外部的相关系统。

（三）系统架构设计

1. 架构原则

（1）部署方式：集中部署，统一维护。

（2）**使用方式**：B/S 后台管理；Web 可视化应用；Android APP 应用；微信小程序应用；实名认证服务；短信验证服务。

（3）**结构方式**：①数据中心与管理用户之间的客户 / 服务器体系结构；②数据中心与普通用户之间的客户 / 服务器体系结构；③数据中心与移动终端用户的单机运行模式 / 服务器体系结构。

（4）**更新维护**：①控制中心统一更新维护；②客户端推送自动更新。

2．**总体架构**

在总体目标"一中心 +N 应用云平台"的指导下，建设云服务大数据中心、可视化平台、订单农业电子签约平台、种植管理服务平台、种植溯源管理服务平台、系统管理平台，如图 6-1 所示。

3．**网络结构设计**

平台网络依托互联网和移动互联网建设，利用第三方云服务商的云服务器资源部署建设的应用系统，并通过第三方云服务商部署的安全设备进行安全防护，能满足本项目网络系统建设的需求。为满足应用人员和部门分散带来的需求，充分利用分布式的优势，根据业务特点，按权限决定具体的访问方式和访问内容，网络访问架构图如图 6-2 所示：

（1）**通信模式**：系统接口的通信采用异步消息传递的方式——消息直接"推"给框架系统，然后返回。同样，框架根据配置将消息推给相关业务系统处理，然后直接返回（图 6-3）。

（2）**数据格式**：在系统与系统之间的数据交互中，数据仍然要维持数据格式不变。在消息流通的时候，会涉及不同的数据类型。数据类型规定了消息参数的结构，这些参数通过值传递，同时也指出了接口类型参数，这些参数是通过引用传递的。接口通信格式包含三部分内容：框架控制内容、业务控制内容、业务处理内容。

1）框架控制内容：主要用于框架中的业务调度引擎对消息进行控制，包含消息的来源、类型、状态等基本信息。

2）业务控制内容：主要用于业务发送者与接收者之间进行业务控制，内容视具体业务特点和协议而定。

3）业务处理内容：指消息中要传递交换的具体业务内容。不同的业务有不同的业务处理内容。

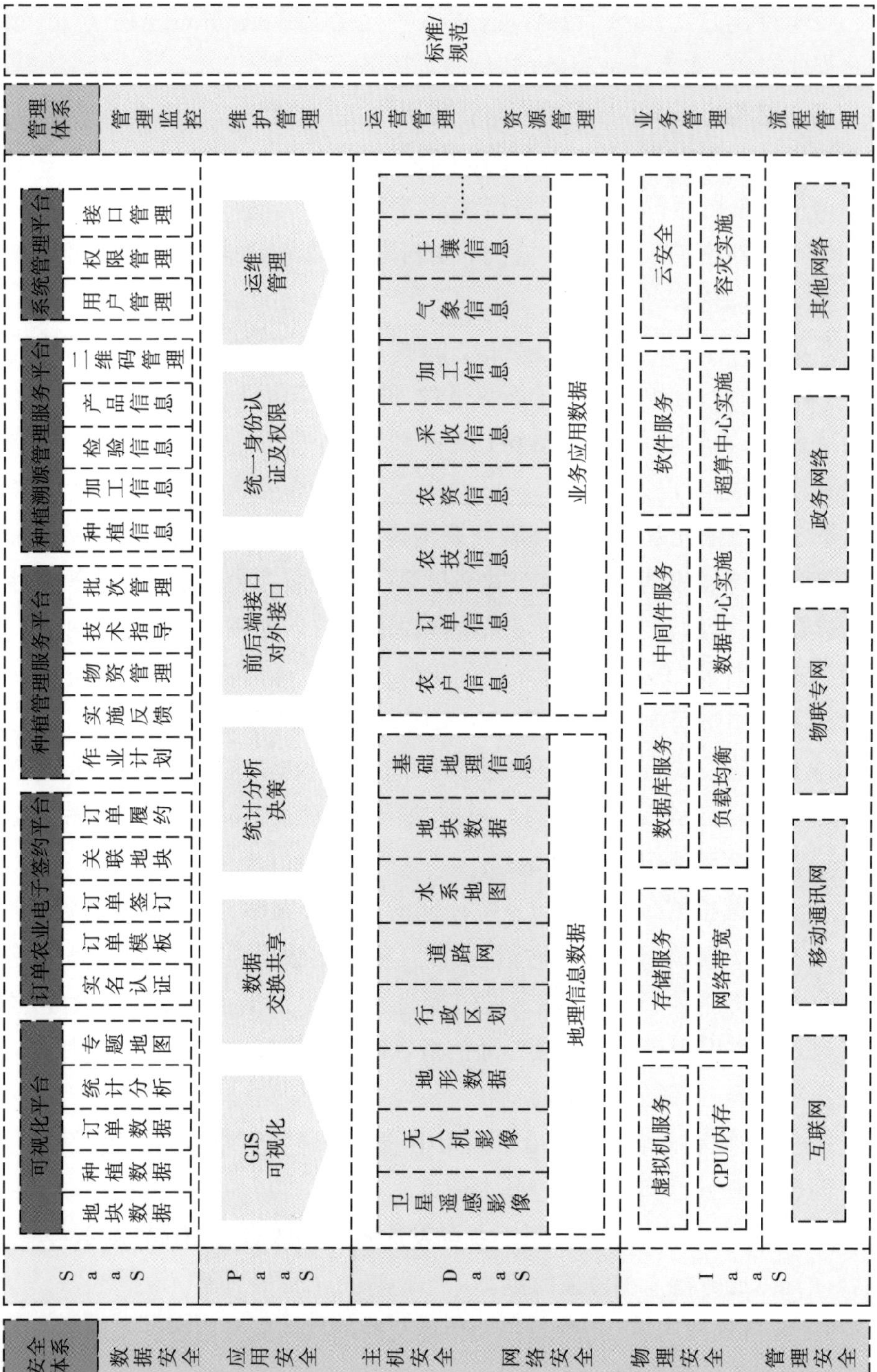

图 6-1 化橘红溯源管理平台总体架构图

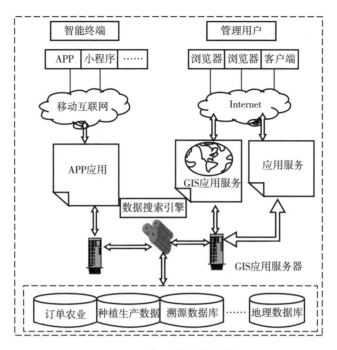

图 6-2　平台网络结构设计图

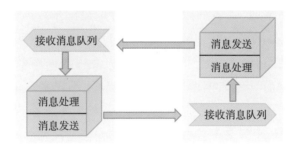

图 6-3　通信模式

（3）**交互协议**：协议描述了信息交互中接收到的信息顺序，而顺序是根据收件人显示的状态来规定的。由于一些接口没有协议限制，换而言之，接口可以随时随地接收所有信息。简单的协议规范被描述为前提条件，也就是说，只有在收件人处于特定状态时才会收到信息。如果有更严苛的情况要求，就需要规定更加繁复的协议。

接口的交互协议要视具体的业务细节来定，在这里不做详细描述。图 6-4 是整个接口的信息交互模型。

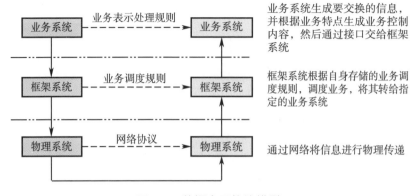

业务系统	- - 业务表示处理规则 - →	业务系统	业务系统生成要交换的信息，并根据业务特点生成业务控制内容，然后通过接口交给框架系统
框架系统	- - 业务调度规则 - →	框架系统	框架系统根据自身存储的业务调度规则，调度业务，将其转给指定的业务系统
物理系统	- - 网络协议 - →	物理系统	通过网络将信息进行物理传递

图 6-4　数据交互协议模型

（四）数据库设计

1. 数据库设计原则

（1）**完整性原则**：通过保证实时监控数据库事务的正常运行，来确保数据项之间的结构关系不受损害，从而使保存在数据库中的数据更加真实、有效。

（2）**并发性原则**：当多种应用并发地存取同一张数据表、数据块时，为了确保数据库数据的统一性，必须对这一并行操作加以管理。

（3）**安全性原则**：为了避免因不法用户使用数据库系统，或合法用户盗取数据库数据而导致数据泄露、更改或损坏，不同用户的使用权限不相同，必须通过在系统的各个级别对数据库用户检查上级授权等级，进行数据浏览与存取等控制手段来保护数据库系统的安全与保密。

（4）**保密性原则**：由于数据库的信息对特定的用户有特定的保密要求，如种植信息库、信息服务库、产品信息库、企业资源库、专家资源库等，因此在数据库的设计过程中要考虑这些保密要求。

（5）**数据库备份原则**：考虑到海量信息数据的存储和访问，在提升数据库设备性能的同时，宜采用分布式部署化橘红溯源信息资源库，将一个库物理上安装在多台服务器上，从而提高数据库处理数据的效率，并根据各个数据库的实际需要定期或及时对数据进行本地与异地备份。

2. 数据库建设内容

数据库建设内容包括但不限于以下内容，如表 6-1 至表 6-18 所示。

表 6-1　基地信息数据表

序号	字段名称	名称编码	说明
1	基地编号		系统自动生成,唯一编号
2	基地名称		
3	地址		
4	联系方式		
5	法人		
6	基地介绍		
	......		

表 6-2　地块信息数据表

序号	字段名称	名称编码	说明
1	地块编号		系统自动生成,唯一编号
2	行政区划		
3	地址		
4	测量面积		
5	协商面积		
6	耕地类型		
7	地块性质		个人、集体、公司
8	归属		
	......		

表 6-3　土壤数据表

序号	字段名称	名称编码	说明
1	营养元素		氮、磷、钾等
2	丰缺标准		高中低
	......		

表 6-4　种苗数据库

序号	字段名称	名称编码	说明
1	品种		种苗品种、种子、苗
2	厂家		种苗来源
3	单价		
4	数量		株(棵)、包
5	采购时间		
6	耕种时间		
	......		

表6-5　作业数据库

序号	字段名称	名称编码	说明
1	作业类型		种植、植保、花果、采收、水肥等
2	作业规范		
3	作业计划		
4	作业范围		作业发布区域
5	作业时间		周、月、起止时间
6	作业反馈		进度、质量、照片
	……		

表6-6　生长评价数据库

序号	字段名称	名称编码	说明
1	长势评价		株高、胸径、叶片、花果等
2	气候评价		
3	病虫害评价		
	……		

表6-7　农资数据库

序号	字段名称	名称编码	说明
1	货品码		
2	货品名称		
3	所属类别		农药、肥料、苗木等
4	产品特性		
5	包装单位		
6	单价		
7	包装规格		
8	生产商		
	……		

表6-8　植保数据库

序号	字段名称	名称编码	说明
1	病害名称		
2	病害特征		图谱、描述
3	病害防止		

续表

序号	字段名称	名称编码	说明
4	虫害名称		
5	虫害特征		图谱、描述
6	虫害防治		
7	草鼠害防治		
	……		

表6-9 气象数据库

序号	字段名称	名称编码	说明
1	温度		最高、最低、平均、积温
2	湿度		
3	风速		
4	风向		
5	雨量		最大、最小、平均
6	光照强度		
7	其他		土壤温度、土壤湿度、蒸发量、大气压力
	……		

表6-10 问题反馈数据库

序号	字段名称	名称编码	说明
1	种苗种植		
2	田间管理		长势、植保问题等
3	物资使用		
	……		

表6-11 采收数据库

序号	字段名称	名称编码	说明
1	品种		
2	采收类别		采挖、收割、采摘、击落
3	批次		
4	等级		
5	数量		

续表

序号	字段名称	名称编码	说明
6	价格		
7	产地		
	……		

表 6-12 加工数据库

序号	字段名称	名称编码	说明
1	初加工类别		清洗、除杂、干燥
2	加工类别		拣、洗、漂、切片、去壳、蒸、煮、烫、硫熏、发汗、揉、搓、干燥
3	炮制		净制、切制、炮炙
	……		

表 6-13 仓储数据库

序号	字段名称	名称编码	说明
1	仓库号		
2	货物号		
3	货物名称		
4	数量		入库数量、出库数量
5	批次		
6	时间		入库时间、出库时间
	……		

表 6-14 物流数据库

序号	字段名称	名称编码	说明
1	运输单号		
2	运输时间		出发时间、总用时、到达时间
3	运输方式		
4	运输量		
5	运输路线		起点、重点、路径定位
6	承运商		
	……		

表 6-15　销售数据库

序号	字段名称	名称编码	说明
1	销售单位名称		
2	产品名称		
3	产品编码		
4	负责人		身份证号及联系方式
5	联系人		身份证号及联系方式
	……		

表 6-16　系统用户数据库

序号	字段名称	名称编码	说明
1	用户名		
2	密码		密码找回、验证
3	注册		
4	角色		权限依据
5	相关属性		用户个人信息、岗位
	……		

表 6-17　系统管理数据库

序号	字段名称	名称编码	说明
1	角色		权限分配
2	日志		系统使用记录
	……		

表 6-18　空间数据库的建立

序号	字段名称	名称编码	说明
1	卫星影像数据		谷歌、天地图
2	路网数据		
3	行政区划数据		省、市、县区、乡镇、村
4	地块数据		权属、农户、边界坐标
5	基础地理数据等		
	……		

五、总体功能

（一）统一门户管理

化橘红溯源系统的建设包括多个平台及各子系统,系统的用户、部门、权限各不相同,用户如要实现一次登录就能访问所有子系统,需要建立统一门户进行管理,实现 Web 单点登录（图 6-5）和移动端登录。

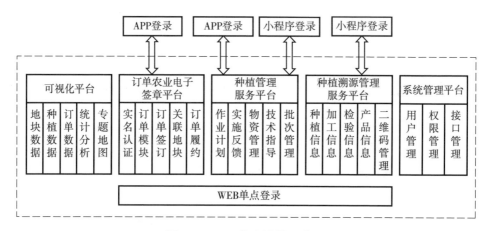

图 6-5　WEB 单点登录示意图

1. Web 端单点登录

单点登录 SSO（single sign on）说得简单点就是在一个多系统的平台环境下,用户在一处登录后,就不用在其他系统中登录,也就是用户的一次登录能得到其他所有系统的信任。SSO 流程图如图 6-6 所示。

本项目可以在 Web 端实现统一的单点登录,用户只需在浏览器输入平台网址即可打开登录界面,输入注册后的用户信息即完成平台的登录。登录后根据用户角色权限,用户可操作和访问被平台授权的相关功能和数据。

2. 移动端登录

移动端登录涉及订单农业电子签约平台 APP、种植管理服务平台 APP 和微信小程序、种植溯源管理服务平台微信小程序的登录。系统登录界面如图 6-7 所示。

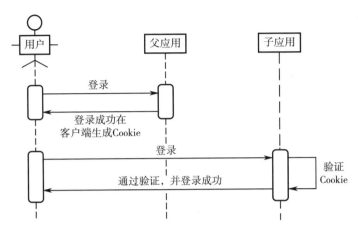

图 6-6　单点登录流程图

图 6-7　APP 登录界面

依据用户类型实现不同移动端的登录：

管理人员：一次登录可同时访问订单农业电子签约平台 APP、种植管理服务平台 APP。

药农（种植户）：可登录种植管理服务平台微信小程序。

消费者：通过微信号登录，实现对种植溯源管理服务平台微信小程序的访问。

3. 登录管理

所有用户都可以访问登录模块（图 6-8），登录模块包括程序启动、注册向导、登录、注销等。信息子系统可以调用身份验证功能，系统通过对用户进行身份验证，根据用户拥有的权限，赋予用户相应的功能。

图 6-8　账号登录界面

注：图中二维码仅作展示说明，下同

4. 部门管理

系统管理员可以处理部门信息，包括编辑部门信息和增删改查子部门信息。完成部门信息的编辑后，需要将修改过的部门数据同时传输到别的相关的子系统中，包括部门称呼、部门序号、主管人员等。部门管理界面如图 6-9 所示。

5. 用户管理

系统管理员可以处理用户信息，包括用户信息的增删改查、密码重置。

图 6-9　部门管理界面

系统添加或清除一个用户信息的时候,同时也会添加或清除一个账户信息,添加账户时账号密码为初始化密码。处理系统用户信息的时候,系统会将处理的用户信息同时传输到别的相关的子系统中,包括用户名称、用户等级、用户的部门、用户序号等。用户管理界面如图 6-10 所示。

图 6-10　用户管理界面

6. 用户信息查询

系统采用树形列表的形式展现用户与部门之间的联系。用户能够在部门列表中查找到人员信息,筛选条件包括联系电话、用户姓名等;也可以用列表中的用户姓名查找到用户的所有信息,包括用户名称、所在部门、部门职务、部门级别、联系方式等。用户信息界面如图 6-11 所示。

图 6-11   用户信息界面

（二）云服务大数据中心

1. 大数据支撑服务

随着 IT 技术的不断发展,不管是旧时的业务数据,还是新型的非结构化数据,能被利用并转化为有用信息的数据变得越来越多。通过抽调、冲洗流转将散乱、规则不一的数据合并起来放到数据堆栈,可为企业的决策提供可行性分析的数据基础。

数据采集量大:在大数据时代,数据是企业的资产,需要先把整个企业的数据汇集。数据采集量将是整个企业的数据量,所以采集数据量非常庞大。

数据实时性高:大数据时代之前,分析采集的数据大多是根据业务系统的数据库,通过定时任务进行批量采集。而在大数据时代,需获取移动设备、传感器、日志等数据,并及时进行数据解读,从而完成数据应用,为企业的决策提供依据,对数据采集的实时性要求很高。

数据类型多样:传统应用主要是对结构化数据进行分析。在大数据时代,数据作为数据资产管理的对象,不仅是以前固有的结构化数据,也有半结构化或非结构化数据,因此平台需要具备更多的功能来完成其他数据格式的数据采集。

大数据采集汇聚平台(图6-12)支持复杂异构的数据格式,可以对数据源进行适配,与不同的业务管理平台共享数据,提高运作速率;拥有对消息流和文本的同步数据收集功能;拥有针对各个不同业务的管理平台,能方便管理员查阅每个业务的具体工作情况;平台以元数据驱动的方式提供提取、转换和加载能力;拥有简单方便的界面设计器,可以减少数据提取的研发时间,维护起来也容易。平台还拥有半结构化、非结构化数据的收集功能,能完美地处理文本、音频、电子邮件、互联网等数据在收集、流转和保存方面的困难。

平台面向数据开发人员提供一站式数据融合管理平台,该平台由集成开发工具、资源库、应用服务、统一管理平台构成。

(1)**集成开发工具**:数据开发人员按照作业和转换的流程编排任务,完成数据融合任务的设计,提供数据源适配、任务开发、任务调试、资源库访问等功能。

(2)**资源库**:针对集成开发工具和应用服务的任务新增、修改、删除等进行管理,主要提供文件存储和数据库存储。

(3)**应用服务**:提供数据源适配引擎、作业和转换调度引擎、流程设计图形化引擎,并对外提供监控管理接口,用于支撑任务设计、运行和对外接口功能。

(4)**统一管理平台**:支持对任务进行分类管理,对任务运行过程进行监控管理,对任务操作进行权限管理,对运行节点进行资源管理。

2. 大数据计算服务

大数据计算平台主要包括数据融合子系统、数据统一存储子系统、企业搜索引擎、数据流分析子系统和流程调度子系统。通过大数据计算平台,企

图 6-12　大数据采集汇聚平台

业能够全方位提升大容量数据的存储、计算、查询和分析等综合应用能力，助力商业创新。

（1）**大数据融合**：基于 Web 界面的采集流程配置的操作工具支持通过 JDBC/ODBC 方式实现 Mysql、oracle、SqlServer、Hive、Hbase 等数据源之间数据的相互同步。支持设置采集任务调度策略，支持设置任务执行方式及频次：①单次（手动执行）；②定时（需设置开始时间）；③周期（需设置间隔时间、开始时间、结束时间）。

（2）**大数据统一存储**：拥有在行业中常用的分布式存储框架，能够保存不同体积、不同类型的数据；支持同文件对象化和不同对象策略化的策略存储机制，大文件归类到大对象，按照大对象存储策略存储，小文件归类到小对象，按照小对象存储策略存储；支持通过可视化界面按策略分类查看分布式文件存储系统容量信息；支持通过可视化界面汇总查看用户调用 API 接口访问文件存储系统的详情；支持查看对象被访问、租户访问 API 次数 TOP 3 的统计数据；支持通过可视化界面管理存储租户及租户访问资源路径、权限；支持通过可视化界面查看、检索存储租户。

（3）**大数据治理**：大数据治理平台提供了一套关于数据标准的全生命周期管理办法，支持将多源的标准文件录入系统，进行统一管理。通过制定统一的数据规范，可对在分布式管理模式下的数据进行核查、更改、发布管理，对在中央管理模式下的数据进行添加、修改、禁用、激活、审计、发布和版本控制。

3. 发布与升级服务

此服务主要负责数据中心服务器系统的数据库备份恢复、版本的升级、APP 系统版本检查及升级推送。

（1）**数据库备份恢复**：对数据中心服务器系统的数据库进行备份，为系统升级做准备，同时也可确保数据的安全性。定期备份数据是一个良好的习惯；系统更新后可将备份的数据库恢复到新系统中，保证系统数据的持续性及有效性。

（2）**数据中心服务器系统版本的升级管理**：提升新版本更新内容，如发生不稳定现象可恢复至旧版本。

（3）**APP 系统**：当 APP 客户端连接到数据中心服务器系统时，系统检查 APP 客户端的版本情况,确保是最新的系统;如因较长时间未使用 App 客户端,系统检查发现是旧版本时,数据中心服务器系统将主动推送新版系统更新 APP 客户端软件。

4. 数据共享交换服务

大数据共享交换服务是指对多源异构数据源的集合连接管理,集合编排目录和数据处理所产生的高效、高品质的数据信息,对数据信息并行管理,拥有统一数据共享和敞开使用的功能。大数据共享交换以数据供需交换系统、数据共享系统、数据归集系统构成整个大数据中心的核心业务流程,以数据交换系统和数据贡献系统作为主要的数据传输通道。

数据交换系统主要用于处理海量数据流转所产生的问题,可根据编目把相关的数据信息集合到数据中心,拥有在不同的互联网条件、不同的数据类型等情况下把所有数据的集中到一起的功能。另外,基于目录驱动,系统可以实现共享数据的数据交换模式的共享。

(1)**数据交换策略**:基于系统复杂的数据交换需求,数据交换共享平台可提供多种不同的交换策略,覆盖体系内各种数据交换场景。依据数据敏感度的低、中、高分别采用不同的交换策略,从而保障数据交换过程中的安全性。

同时,数据交换共享平台提供 API 交换服务,可以在提供数据的人员不愿意业务数据库对外输出时,以 API 接口的方式让外部系统访问数据库。此外,还能够用信息目录系统进行数据流转。在项目实施过程中,应对各业务系统情况进行详细摸底调研,选取各业务系统合理的对接方式,明确各业务系统对接时间点。

(2)**交换应用场景**

实时交换:系统在可连接的同一个网络环境的条件下,提供应用接口以供双方进行调用。在这种情况下,一体化在线服务平台与业务系统之间通过数据交换系统及既定的数据交换接口来进行实时的审批数据交互。

批量双向交换:对于工作流性质的数据,其应用场景一般是系统在一个联合审批过程中产生了一个任务并需要传到系统中去,但这种传递不是实时的（网络原因），需要批量进行，这时候就需要系统在传出之前将数据积累起来，形成数据文件，再在合适的时机将文件传递。对于归档性质的数据，一体化服务平台与各业务系统之间通过数据交换系统的定时交换设置，对某一时段（如 1 天、1 星期、1 个月等）的数据进行一个批次的交换。批量单向交换、单条双向交换、单条单向交换与此相似。

（3）**数据共享**：数据共享是对接数据交换、服务总线、API 网关等承接共享任务的实施，主要的使用人群是大数据中心营运人员、各部门管理人员。具体过程为接收供需请求，依照共享任务逐步进行数据共享实施。共享任务实施主要分为数据交换实施、定制接口实施等，实施完成之后登记完成共享任务。

对于需要数据交换共享的共享任务，应根据共享任务的数据需求情况而定，如果数据需求复杂，先要调用数据集成，驱动数据集成处理形成需求部门要求的数据，然后进行数据交换作业的配置和管理，将数据交换作业发送至数据交换系统；如果数据需求不复杂，则直接进行数据交换作业的配置和管理，将数据交换作业发送至数据交换系统。

对于个性化数据需求共享任务，平台支持通过在线配置实现多表关联服务的生成与发布，生成服务参数，将表所有字段作为查询条件，支持多个查询条件"and"和"or"的组合，支持多种逻辑条件，从而发布个性化接口。

对于特别复杂的个性化数据需求涉及的共享任务，基于服务总线系统，实现以构件包形式进行服务部署与发布，在线配置生成的服务、数据集服务，构件包形式服务运行在统一的服务引擎上，服务引擎支持以集群方式部署。支持复杂数据集的定义，动态定义数据集的查询字段和结果字段，并实现结果字段到库表或第三方接口的映射管理，基于数据集和库表以及第三方接口的映射关系，支撑通用接口实现多源数据的请求和结果封装，这样可以大大减轻大数据中心数据运营工作量。

前端页面共享主要提供页面共享能力的后台支撑，主要包含数据核验、数据查询、数据比对、数据下载等默认内置接口，从而支撑供需系统数据供给页面数据共享。

（三）可视化展示平台

1. 数据可视化

数据可视化指以图形和图像的形式呈现大数据集的过程，通过数据分析和研发设备来呈现共通或未明的信息。

数据可视化技术的基础是用一个图标对象表示数据库的一个数据项，用多个数据集共同构建数据图像，最后以多维度呈现数据所有的属性值。平台使用图像、地图等容易理解的方式呈现数据形态，解析数据间的联系和进展方向，能更直观地看到数据分析的结果。

可视化技术日趋成熟，能够用来完成不同的功能目的，如调查、追踪数据，帮助解读数据，提高数据有效作用等。

可视化设计包括数据解析、图表匹配、图表优化和测试确认。首先，在明晰要求后，我们要决定呈现什么数据，包括原始数据、数据维度、查看角度等；然后运用可视化软件，以现有固定的图表类型设计出不同的图表，并对图表细节加以完善，最后核查检验。可视化平台界面如图 6-13所示。

可视化最主要的步骤是内容提取，内容提取越精炼，设计的图形布局就越简洁，交流速率也就越高。相反，图形布局越膨胀、分散，就越无法有效地将主要的信息传递给读者。

2. 基地可视化

基地可视化旨在实现中药材种植区域的 GIS 可视化。

（1）**影像图**：加载互联网影像图，如谷歌地图、天地图等；加载无人机正射影像图。无人机正射影像图可通过无人机航拍并进行数据处理获得，如图 6-14 所示。

（2）**行政区划**：加载省、市、县、乡镇行政区划边界图。

（3）**路网、水系**：加载互联网水系图和路网图。

（4）**图层控制**：在是否显示天地图影像注记和无人机影像选择界面中，选择地图为天地图影像图或天地图矢量图，如图 6-15 所示。

（5）**电子地图操作**：包括对电子地图进行放大、缩小、漫游、全图及恢复；按比例尺进行地图缩放；进行距离测量、面积测量（图 6-16）等。

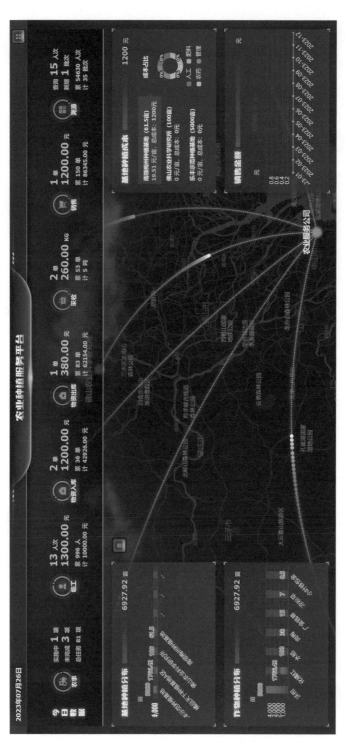

图 6-13 可视化平台界面

图 6-14 无人机影像图

图 6-15 图层控制

图 6-16 电子地图测量功能

（6）**地块加载**：加载化橘红种植的地块地图，可直观地反映中药材的种植范围，如图 6-17 所示。

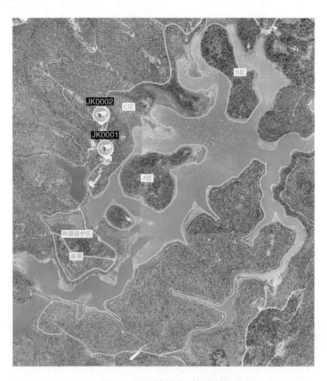

图 6-17　地块加载功能

（7）**属性查看及编辑**：通过点击电子地图上的地物查看其属性，并可对属性数据进行编辑。地块数据查看界面如图 6-18 所示。

图 6-18　地块数据查看界面

（8）**种植环境**：对种植区域里的天气数据、土壤信息和大田物联网信息进行综合展示。环境检测信息查看界面如图 6-19 所示。

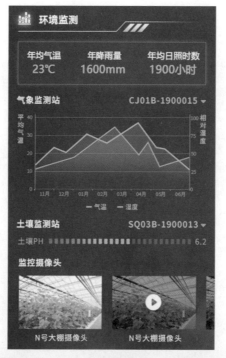

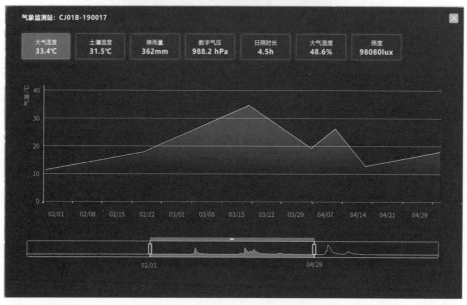

图 6-19 环境监测信息查看界面

（9）**720°全景展示**：基于无人机航拍信息采集，在可视化平台中可显示720°球体表面的全部景观；在显示页面中点击按住鼠标后可拖动查看化橘红种植基地的720°真实场景，如图6-20所示。

图 6-20　720°全景查看界面

（10）**摄像头监控**：大倍数高清低照球机摄像头可清晰地监控田地种苗和作物的长势、花期、病虫害，同时具有把控和监视整体情况的功能。监控摄像头查看界面如图6-21所示。

　　警示警报：系统可以有效地切换每个监控点视频，以减少人员巡检工作。如果发生停电、视频被遮蔽等状况，系统会立即发出警报信号、显示警报信息，同时会把警报信息传输给监控中心，监控人员可以立即知道现场情况。

　　联动计划：当监视范围内出现警情，可以在后台制定联动计划，运用声音、警灯等设备设置警报示警，以便工作人员掌握现场状况。

（11）**种植品种分布**：通过基地可视化平台，可在地图中显示各作物品种分布情况、种植面积、种植比例等内容，以便工作人员掌握种植这些中药材作物需要的空间和种苗数量。

图 6-21   监控摄像头查看界面

3. 订单农业可视化

订单农业可视化是在 GIS 的基础上实现已签约的订单数量、签订地块、面积、品种、时间、履约情况等数据的可视化展示，实现各品种中药材订单的签订、履约和风险预警情况的统计图表展示。同时，结合查询工具，工作人员还可方便地对具体信息进行查询展示。订单农业可视化界面如图 6-22 所示。

（1）**订单签约情况**：可直观地反映各地区订单的农户数、品种、面积，并根据管理计划查看订单的签订进度等。企业可全面真实地掌握各品种中药材的实际签约情况，并将其作为管理决策的依据，如图 6-23 所示。

（2）**履约情况**：根据订单数据，结合订单执行完结的情况，对订单的履约进行汇总展示，帮助企业及时掌握所有订单到期、已付和未付的情况，做好订单收购工作安排和现金流管理。

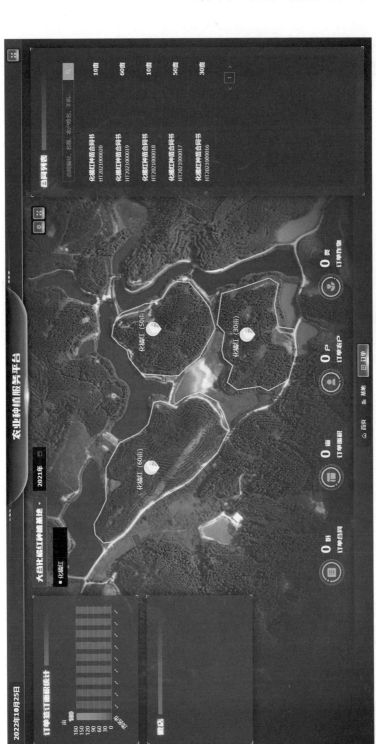

图 6-22　订单农业可视化界面

合同编号：

化橘红种苗订购合同书

甲方：

乙方：　　　　　　身份证号码：

经甲乙双方友好协商，就乙方订购甲方化橘红种苗事宜，达成如下合同约定，以便双方共同遵守。

一、种苗数量、质量标准、种苗价格

种植区域段	种植品种	种植面积(亩)	预期苗产(万/亩)	收购价格(元/斤)	预期产值(元)	预估采收期
化橘红	FK	10	300			2021-6

二、甲方权利和义务

1. 保质保量供应化橘红种苗，满足乙方对化橘红种苗数量和质量要求，并保证所购种苗的纯度达到95%以上。
2. 提供宣传资料、培训教材以及栽种管理、采收、加工等技术指导。
3. 对乙方采购的化橘红果与甲方签订回收合同，(回收期限为自本合同签订之日起整年)，甲方以质论价按照当时市场价格给以回收。乙方将化橘红运送到甲方指定地点、运输及相关费用由乙方承担。
4. 如甲方的收购价低于市场价，乙方有权将采购好的化橘红出售给市场。

三、乙方权利和义务

1. 乙方需苗时需提前10-15天通知甲方安排种苗。
2. 乙方需按照甲方技术指导资料及技术人员的要求，并结合当地实际情况，采取适宜的栽培及管理技术，努力提高商所栽种化橘红的经济效益。

四、定金支付以及货款结算。

1. 乙方需提前支付定金至订购化橘红种苗，以便甲方安排种苗生产计划，保证客户苗木供应，定金为款总额的50%。
2. 乙方要求甲方发货时须付清全部苗款（预付定金可抵苗款）、苗款付清后甲方予以发货。

五、违约责任

合同生效日期为　　年　　月　　日至　　年　　月　　日，共　　年。以上条甲乙双方需共同履行执行。若有违约，违约方应向履约方赔偿经济损失。乙方定苗后，中途由乙方要求停止购苗，乙方付定金定金全部不予退回。

六、合同争议及解决方法

1. 本合同未尽事宜，可由甲乙双方友好协商签订补充协议。补充协议与本合同具有同等法律效力。
2. 如因本合同发生争议，双方应友好协商解决或交由第三方解决。如协商调解不成，可交由甲方所在地法院裁决。

七、其它事宜

1. 本合同双方字或盖章之日起生效。乙方如需签本合同一经签订，自乙方签字、盖章并将合同文本送达或寄给甲方收讫后生效。
2. 本合同一式双份，甲乙双方各持壹份。

甲方：

法定代表人（签章）：

联系电话：

乙方：

签订日期：　　年　　月　　日

图6-23　订单合同PDF查看

（3）订单违约预警：订单农业最大的问题是订单数据失真、违约频繁，基于平台的大数据，结合算法综合分析，平台可自动判别筛选出疑似问题订单（图 6-24），并通过可视化技术按地域进行标注，自动汇总、提醒和展示，提高企业发现问题订单的能力，帮助企业及早发现、及早处理，减少企业运营中出现的问题。问题订单的存在会直接影响农资供给、合同款项支付、贷款发放和保险理赔等多个方面，包括农户实名认证异常，一地多签，订单面积不符，订单品种、等级、单价不符等。

风险预警:80%

相似合同信息:

	相似度	所属糖厂	合同编号	蔗农姓名	身份证	银行账号	联系电话	种植面积	操作
⊟	83%	良圻糖厂	(2019)GT010207007	韦**	450221 ************	622848 **************	198 **** 4336	200亩	查看合同
	合同相似评估结果: 身份信息、蔗农姓名与本蔗农合同签约信息一致								
⊞	83%	柳兴糖厂	(2019)GT010207007	韦**	450221 ************	622848 **************	198 **** 4336	200亩	查看合同
⊞	83%	凤山糖厂	(2019)GT010207007	韦**	450221 ************	622848 **************	198 **** 4336	200亩	查看合同

图 6-24　订单合同风险预警

4．种植管理可视化

种植管理可视化是在 GIS 的基础上实现对中药材的种植品种、批次、作业、长势、问题反馈等数据的可视化展示，提供各品种批次的完成进度、面积统计、预估量等统计图标的展示功能。结合查询工具，工作人员可方便地对具体信息进行查询展示。种植管理可视化界面如图 6-25 所示。

（1）**农事统计信息**：在可视化界面查看每日农事作业数量、作业面积、农机使用数量、临工使用情况等，如图 6-26 所示。

（2）**种植作业**：根据移动前端的反馈的数据，在可视化界面查看化橘红作业计划图、当前作业、作业进度以及反馈的问题等。结合查询工具，工作人员可方便地对具体信息进行查询展示。

（3）**作物长势**：根据移动前端的反馈的数据，在可视化界面查看中药材作物长势和病虫害情况（图 6-27、图 6-28），支持图片、视频查看，同时可结合物联网技术实现实时视频的调阅。结合查询工具，工作人员可对具体信息进行查询展示。

图 6-25 种植管理可视化界面

图 6-26　农事统计信息

图 6-27　作物长势

图 6-28　病虫害情况

（4）农资供给：在可视化界面查看各种农资的供给情况，包括种苗、肥料、农药等（图6-29）。结合查询工具，工作人员可方便地对具体数据和具体时间的信息进行查询展示。

图6-29　农资使用统计

（5）农机使用情况：在地图上查看农机车辆使用数量、轨迹、速度、经过区域等情况，如图6-30所示。

图6-30　农机使用情况

（6）临工使用情况：在可视化界面查看临时工使用数量、轨迹、速度、经过区域等情况。

（四）种植管理服务平台

种植管理服务的目的在于围绕中药材种植生产,采用移动互联技术、计算机技术、数据库技术和 GIS 技术等手段,开发一套可将企业种植标准落实到田间地头的数字化管理系统,为种植农户提供专家指导,跟进种植质量,确保中药材品质,实现科学种植,促进企业健康发展。种植管理服务平台由管理后台、种植管理 APP、农户反馈微信小程序几部分组成,其架构如图 6-31 所示。

图 6-31　种植管理架构图

种植管理服务后台:集成于整个大数据云服务平台中,与种植管理 APP 和农户反馈微信小程序进行数据交互,负责生产计划的制定和发布,对作业申请和反馈进行管理,并提供专家服务,同时对前端系统版本进行管理。

种植管理 APP:由一线管理人员使用,用于接收管理后台制定的作业计划和专家指导意见,按计划对农户田种植进行安排和指导,可及时反馈种植情况、临工情况和物资使用情况。种植管理 APP 界面如图 6-32 所示。

农户反馈微信小程序:由各个农户使用,用于自主记录农事活动,向相关专家提问以获取帮助,同时还能查看自己的物资领取记录等。

图 6-32   种植管理 APP 界面

1. 种植管理服务后台

（1）**生产计划**：生产计划是中草药规范化种植的重要环节，可为园区、各合作社、散户种植管理提供统一的行动纲领，从宏观上把握每个时间节点应该做的农事活动，并根据计划中农事活动的要求提前安排好物资、人工，使种植管理有序、高效、规范。

公司生产技术部门可根据不同的中药材、不同区域、不同批次，以时间（季、月）或物候期作为计划节点制定年度生产计划，每个计划节点包含若干个农事活动，每个农事活动包括作业类型、作业标准规范和作业物资及用量等要素，部分要素可以在实施时再明确细化。计划制定完成后由生产技术部门发布，相关种植区域的管理人员通过手机 APP 查看自己管辖范围的作业计划，并组织人员（如承包户、临工、合作社、散户）进行培训和作业实施。

（2）**作业审批**：农事活动中会根据实地情况天气、作业质量、人工数量的变化调整作业顺序和内容,从而产生一些计划外的作业内容。这些计划外的作业内容需要一线管理人员及时提交,再由公司生产技术部门对其合理性、必要性进行审批,以确保每项田间作业都能做到安排合理、记录清晰。农事作业审批界面如图 6-33 所示。

图 6-33　农事作业审批

(3)**作业反馈**:作业反馈指生产计划中各农事活动实施过程的反馈,这里由后台对反馈内容进行统一的管理和查阅统计(图 6-34)。反馈由一线管理员通过 APP 和农户通过微信小程序进行。

图 6-34　农事作业进度反馈

（4）**专家服务**：专家服务指公司聘请科研院所、高校和行业内的相关专家对种植过程中发现的问题进行远程在线指导，专家可以按区域和种植品种进行划分，相关专家只能看见和自己相关的问题。管理员或农户可以针对药材种植中发现的问题以图片、文字或短视频形式向相关专家求助，专家可以用图片、文字或语音进行回复。对于某个问题，农户和专家可以持续反馈和指导。专家指导界面如图 6-35 所示。

图 6-35　专家指导操作界面

（5）**物资管理**：物资管理是指对中药材种植所需的肥料、农药、地膜、工具、农机等农资农具的管理，包括公司为了鼓励农户进行中药材种植垫资购买肥料或农药，以及公司对于自身基地物资使用情况的管理（包括农资数据字典维护管理、入库管理、出库管理、物资调运管理、物资盘点统计等）。物资仓库设置界面如图 6-36 所示。

（6）**工单管理**：工单管理是指对一线管理员通过 APP 记录的每天临时工的工单信息进行统一管理，通过平台可查看每个管理员开具的工单以及对工单信息汇总等，并可按结算方式自动生成周结算表和月结算表，便于财务部门与临时工进行薪酬结算，大大地降低了财务部门临时工结算的工作量。

工单管理的功能包括：临工信息管理、工单列表、工单详情查看、工单查询、工单汇总、周 / 月结算表自动生成、结算表打印、结算情况登记等。工单管理界面如图 6-37 所示。

图 6-36 物资仓库设置

图 6-37 工单管理界面

（7）**培训教程导入**：导入农户想要查看的农事作业规范条例（图6-38），让合作农户能够看到并学习农事规范条例。

2. 种植管理 APP

（1）**生产计划**：根据权限划分,各区域只可查看与之相关的计划内容；同时后台会自动按节点发布作业,发布的作业将同步推送到农户小程序中,以确保管理员和农户能及时掌握生产技术部门制定的计划,并按作业内容的要求进行农事活动。生产计划制定界面如图6-39所示。

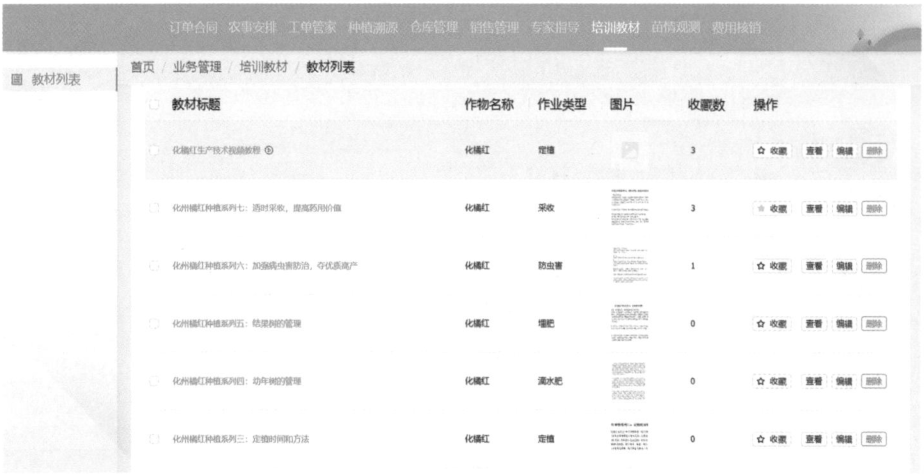

教材标题	作物名称	作业类型	图片	收藏数	操作
化橘红生产技术视频教程 ⓘ	化橘红	定植		3	☆ 收藏　查看　编辑　删除
化州橘红种植系列七：适时采收，提高药用价值	化橘红	采收		3	☆ 收藏　查看　编辑　删除
化州橘红种植系列六：加强病虫害防治，夺优质高产	化橘红	防虫害		1	☆ 收藏　查看　编辑　删除
化州橘红种植系列五：结果树的管理	化橘红	增肥		0	☆ 收藏　查看　编辑　删除
化州橘红种植系列四：幼年树的管理	化橘红	淋水肥		0	☆ 收藏　查看　编辑　删除
化州橘红种植系列三：定植时间和方法	化橘红	定植		0	☆ 收藏　查看　编辑　删除

图 6-38　培训教程导入界面

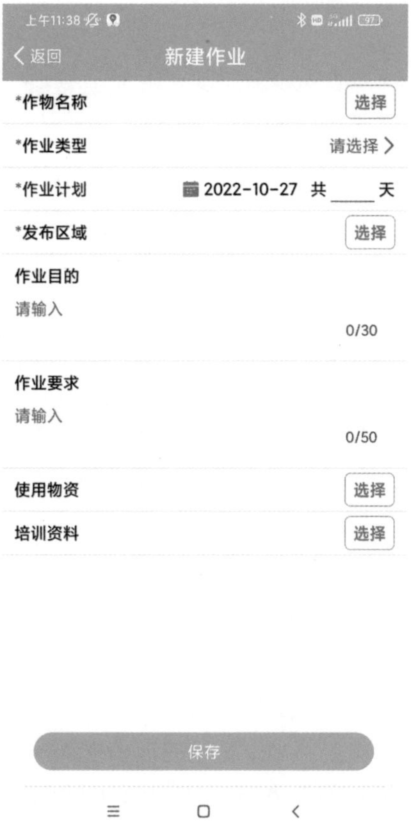

＜返回	新建作业

*作物名称　　　　　　　　　　　选择

*作业类型　　　　　　　　请选择 ＞

*作业计划　　　　🖩 2022-10-27 共＿＿＿天

*发布区域　　　　　　　　　　　选择

作业目的
请输入
　　　　　　　　　　　　　　　0/30

作业要求
请输入
　　　　　　　　　　　　　　　0/50

使用物资　　　　　　　　　　　选择

培训资料　　　　　　　　　　　选择

保存

图 6-39　生产计划制定

（2）**作业反馈**：作业反馈是指管理人员按管理要求（时/日/周等）进行作业质量、进度和效果的反馈。管理人员直接通过 APP 进行填写、拍照等简单操作即可将田间作业情况如实记录并同步反馈给公司技术部门，便于生产技术部门实时跟进计划执行情况、把控生产质量，并对作业的规范性等进行监督管理。作业反馈内容包括天气情况、进度等，可以以报表、照片、短视频或语音等形式进行反馈，如图 6-40 所示。

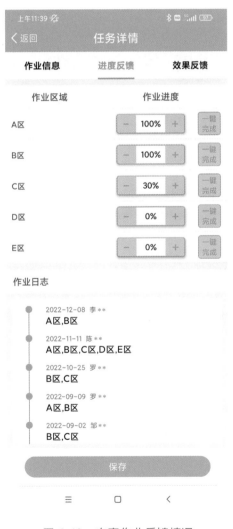

图 6-40　农事作业反馈情况

（3）**物资管理**：物资管理包括作业物资使用情况和农户物资发放情况两个部分。根据作业内容，一线管理人员需按要求使用物资并完整记录使用情况，以便公司技术部门根据后续效果对作业内容和物资使用情况进行追溯和调整。

对于发放给农户的物资，同样需要做好系统登记。发放物资时，应记录辖区各农户的领用数量，农户在小程序中签收物资。新增物资领用记录时，可以批量选择农户，统一设置领取物资和数量，数量可以按实际情况修改。如图 6-41 所示。

图 6-41　物资领用登记

（4）**农户作业指导**：管理员指导农户在农事期间，开展农事作业，推广农事规范，从而为增产增收打好基础。农事作业指导内容包括育苗、开垦、定植、施肥、修枝整形、病虫害防治等相关技术，并以图文、视频方式推广给相关合作农户，如图6-42所示。

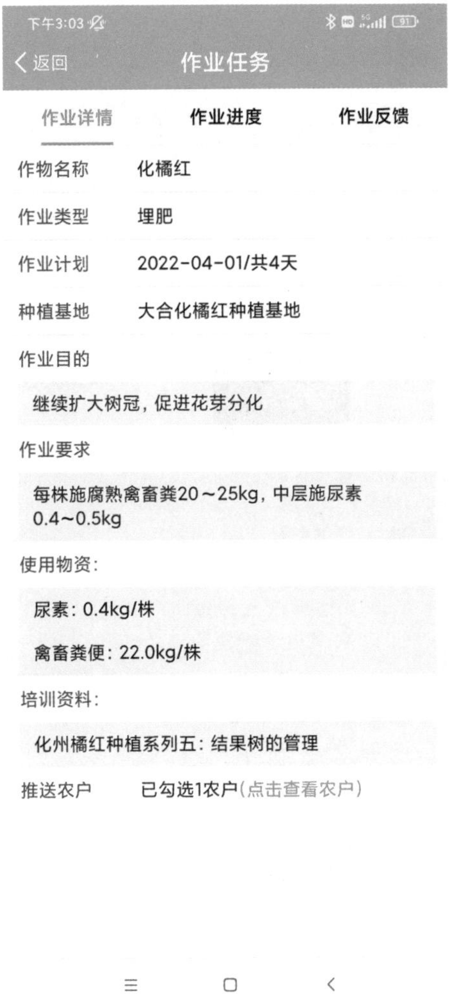

图 6-42　农户作业指导

（5）**专家问答**：管理员可针对种植过程中发现的问题通过手机 APP 以图片、文字等的形式向专家提问（图 6-43），专家也可通过手机 APP 以图片、文字等形式给出指导意见，其他管理员也可以针对问题发表自己的看法或建议。此外，专家也可以根据气候或物候特点给出当前种植的注意事项和预防措施。

图 6-43　专家指导服务

（6）**订单查看**：管理员可通过 APP 查看本区域农户签订的订单情况（图 6-44），定位农户地块位置，方便巡查指导。

图 6-44　订单合同查看

（7）**工单管家**：工单为临时农事服务，工单管家是及时解决农事活动人力资源不足问题的重要工具，可以帮助企业在进行临时工管理时候，规范临时工的工作方式、工作时长；具有工资单自动生成、工资结算等功能；还可通过移动手机人脸识别功能督促临时工自动打卡，减轻管理人员工作负担。工单管家界面如图 6-45 所示。

3. 农户反馈微信小程序

（1）**种植反馈**：农户通过小程序接收片区管理员发布的作业任务，了解作业实施要求和注意事项，实施后需要在小程序上反馈作业进度和效果。年龄偏大、无法操作智能机的农户，可由片区管理员在 APP 上代反馈作业进度和效果。如图 6-46 所示。

（2）**专家服务**。专家服务包括两个方面：①农户提出种植过程中发现的问题,专家给出建议或解决方案;②专家根据气候或物候期特点,推送一些种植方面的注意事项和预防措施等。如图 6-47 所示。

图 6-45   工单管家界面

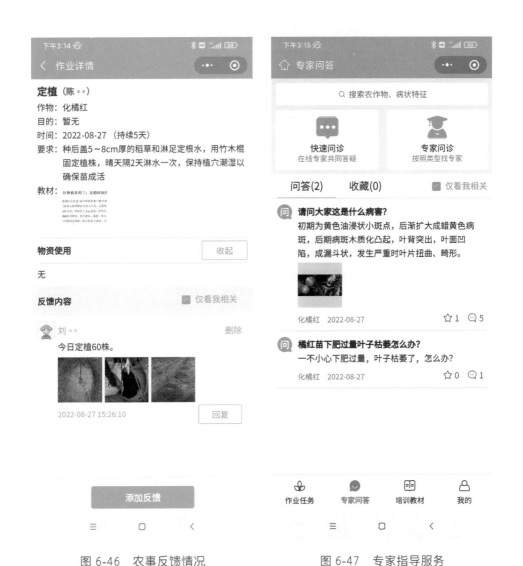

图 6-46　农事反馈情况　　　　　图 6-47　专家指导服务

（3）培训教程：农户如果想要查看更多的农事作业规范条例，在搜索框输入相关的文字直接查找就可以找到相关资料，对于感兴趣的、想要持续学习的培训教程还可以收藏关注。如图 6-48 所示。

图 6-48　培训教程

（五）溯源管理服务平台

溯源管理服务平台由溯源管理后台、种植溯源微信小程序等几部分组成,其架构如图 6-49 所示。

1. 种植溯源管理后台

（1）种植信息管理:根据标准化种植流程安排药农或种植人员进行种植作业,并记录相关的种植数据和植株生长数据等。Web 种植溯源界面如图 6-50 所示。

图 6-49　溯源管理架构图

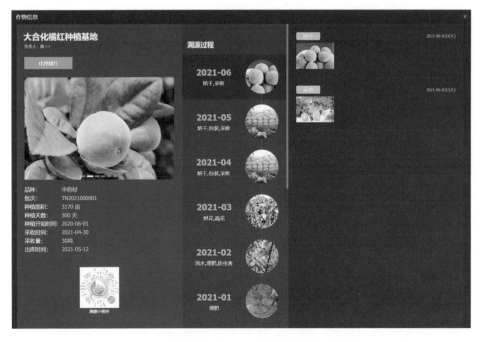

图 6-50　Web 种植溯源界面

气象预测:根据化橘红种植所需数据读取气象因子,建立基地不同地区不同时段气象因子数据库,根据气象数据统计推导出气象因子变化曲线,获得气象变化规律,可预测种植基地一段时间内的变化情况,方便种植人员安排日常种植任务。

远程监控:根据在基地种植各区域里布置的智能无线传感器节点,实时采集化橘红生长的环境信息如温度、湿度、二氧化碳浓度等。当环境信息不符合化橘红生长需要的时候,系统还能向种植管理人员发出警报,进行远程监控。系统能自行收集化橘红的生长参数,经过处理分析后,将其保存到特定的数据库,为化橘红溯源提供信息依据。

产量预估:按区域或按植株对化橘红树进行编码,建立其生长信息数据档案,记录内容包括植株所在种植区域实施的生产任务、生长数据等(图 6-51)。根据化橘红种植过程中的生长数据,可以动态描绘化橘红树的生长发育曲线,为管理人员制定生产计划提供依据。对不同年份的化橘红树的生长发育曲线和历年挂果数量进行分析统计,可预测出种植区域内化橘红树的数量及产量,为制定生产计划提供数据支撑。

图 6-51 种植信息管理

(2)**加工信息管理**:根据传统的化橘红炮制加工工艺规程,建立一套标准化加工流程,管理人员根据流程安排炮制加工作业,并记录相关的加工数据（图 6-52 ）。

1）加工过程中的各项信息包括时间、地点、加工任务、温度、物资等。

2）加工任务包括领料、净制、清洗、润制、切制、干燥、包装等。

3）领料后要记下原料名称、编码、数量等内容。

4）净制过程中需记录产品称量、品种、批次、数量等信息。根据质量要求挑选好药材后，称重，除杂，再贴上物料信息。

5）清洗过程中需记录产品编码、温度、时间、数量等内容。

6）润制过程中需记录产品编码、温度、时间、数量、工序等内容。润制是指把药材放置到不锈钢漏斗内用洁净的水喷淋冲洗，并闷润至透。

7）切制过程中需记录产品编码、使用机器、形状、时间、数量等内容。切制时每 10min 要查看一次药材形状；不同品类、要求的药材如果需要在一个仪器中一起切制，仪器内要设有防混淆或防污染的设施。

8）干燥过程中需记录产品编码、使用机器、温度、时间、数量等内容。干燥是指将切制好的化橘红置于不锈钢炕盘中，再推入热风循环系统中定时定温烘干。

9）包装过程中需记录产品编码、使用机器、包装物料、温度、时间、含水量、数量等内容。包装上需贴上产品信息标签，标签上印有该产品的溯源码。

图 6-52 加工信息管理

（3）**仓储信息管理**：化橘红因受周围环境和自然环境的影响，容易发生霉变、返潮等现象，导致药效降低、药材变质甚至完全失去药用价值，因此，化橘红的仓储条件对化橘红的损耗和药用安全有重要意义。仓储信息管理是指记录采收后的、加工过程中的化橘红及完成后的化橘红制品的仓储条件，如温度、湿度等，还需记录产品的出入库信息、时间和责任人。仓储信息管理界面如图 6-53 所示。

入库：仓库调度员根据入库单，及时、准确、有序地完成产品入库工作，需根据产品的溯源码记录产品入库信息，包括品种、数量、仓储货位、温度、湿度、入库时间等。如若发现损坏或被污染的产品，则对其进行销毁。

出库：仓库调度员根据出库单，及时、准确、有序地完成产品出库工作，需根据产品的溯源码记录产品出库信息，包括品种、数量、仓储货位、出库时间等。如若发现损坏或被污染的产品，则对其进行销毁。

仓储：仓库调度员定期检查仓库仓储条件，确保温湿度、库存等信息无误并记录到系统中。如若发现库存产品损坏或被污染的产品，则应找出造成损耗的主要原因并对其进行销毁。

图 6-53　仓储信息管理

（4）**检验信息管理**：化橘红成品的品质好坏对企业和品牌的发展有很大的影响。化橘红成品的品质不好，企业和品牌的信誉会受到质疑，消费者对产品的信任度降低。所以，企业要努力提升产品品质把控。研究如何加强产品质量和药效，是企业发展壮大的重要工作组成部分。因此质量检测对于产品质量把控甚至产品品牌的建立至关重要。同时，质量监测也是产品溯源中的重要部分。

生产质量：生产质量主要记录化橘红在种植过程中各项种植任务的完成质量，包括种植期间的抽检以及化橘红采收后植株和果实的数据。果实信息包括采收日期农药肥料的残留度、果实直径、果实完整度。

产品质检：是溯源的最后一环，也是决定产品是否能上架的最重要工作之一，主要确定加工后的化橘红制品是否安全、有效、稳定。按国家质量标准对化橘红制品的外观、形状、大小、有效成分种类及含量、农药残留量和重金属含量进行检验，以判断化橘红制品等级或是否能上架销售，若为不合格产品，则应销毁。

质量报告：按批次把抽检的化橘红样品送到正规食品药品检验中心进行检验，出具的检验报告扫描归档后，应关联到对应的产品溯源档案中。

检验信息一般上传第三方检测报告扫描件即可，包括农残检测报告、环境检测报告、中药材等级及有效成分含量检测报告等，如图6-54所示。

图6-54　产品质量检测报告上传

（5）**产品信息管理**：对产品信息进行管理及发布（图6-55）。

（6）**二维码管理**：管理每种产品的批次二维码（图6-56）。二维码以图片形式输出，产品加工包装时贴在包装袋上。

图 6-55 产品信息管理

图 6-56 溯源二维码管理

2. 种植溯源小程序

通过溯源码,为每一个化橘红产品贴上属于自己的"身份证",把化橘红从种植到销售的所有信息串联到一起,详细透明地展示给消费者,保证每一个消费者的知情权,透明化产品的卫生信息生产和流通的过程,实现产品信息全溯源,促进化橘红溯源机制的建立及品牌的建立。

溯源码为溯源系统的核心部分,是串联该系统其他功能的重要一环。溯源码按照统一编码规则自动生成,用于查询追溯信息、合成追溯链条的代码。化橘红产品制作完成后,管理人员打印产品标签,附上产品溯源二维码,溯源码关联该产品的产地、种植、加工、仓储、检测等各项信息,形成产品质量溯源档案。消费者可以用微信扫一扫产品物料卡上的溯源二维码,即可通过微信小程序查看到产品所有的信息(图 6-57)。

图 6-57　溯源小程序页面

(六)订单农业电子签约平台

在订单农业中,企业在与农民签订种植订单合同时,应严格按照《中华人民共和国电子签名法》(以下简称《电子签名法》)的要求进行。平台上签订电子合同的法律作用得到仲裁/司法机构认同,受法律保护。因此,合同签订双方应具备相应的民事能力,并在平台上进行实名认证,以确保签名主体的真实性和有效性。为了确保每一份订单合同都具备法律效应,平台集成了国内领先的第三方电子合同平台服务,通过专业的认证服务和流程控制来确保合同的有效性。订单合同管理的特点:

（1）**安全保障**：ISO27001 信息安全认证,公安三所 eID 电子身份系统对接认证,公安部等级保护测评三级,为用户带来银行同等的安全防护体系。

（2）**合规有效**：随时提供专业的电子合同证据链体系证明电子合同法律效力,深度参与电子合同商用进程。

（3）**身份认证**：联合数字认证中心,结合人脸识别技术,确保签名主体的真实性和有效性。

（4）**过程保障**：联合公证处、司法鉴定中心等众多权威机构,根据平台合同文件以及签署证据链进行裁决,有效防止抵赖。

（5）**文件加密**：文件存储、传输采取高强度加密技术,确保文件仅本人可见。

（6）**防止篡改**：通过区块链技术、PDF 技术有效固化文件内容,签约主体、签约时间不可篡改,同时支持在线查验合同真伪。

身份认证包括对接通信运营商数据库、公安网络身份数据库等。认证时应完成对个人用户和企业用户的三要素(姓名、身份证号码、银行卡账号)、四要素(姓名、身份证号码、银行卡账号、银行卡账号绑定手机号码)的认证,以及活体识别、法人认证等,具体涉及个人身份认证系统、工商总局企业信息系统、公安部公民网络身份、识别系统(eID)、防伪 CA 数字证书、人脸活体识别比对[46]。流程如图 6-58 所示。

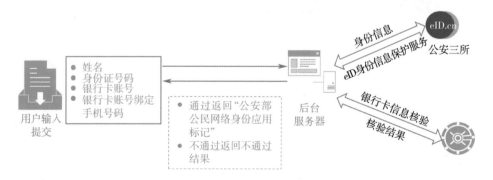

图 6-58　订单合同身份信息认证技术体系

电子合同严格遵照《电子签名法》中第五条至第八条规定,锁定签约对象的真实身份、有效避免文件被非法修改、正确地登记了签订时间的电子合同才会受到法律保护。电子签约流程如图 6-59 所示。

图 6-59　电子签约流程

平台由电子签约管理后台、移动电子签约 APP、农户签约微信小程序三部分组成,整体架构如图 6-60 所示。

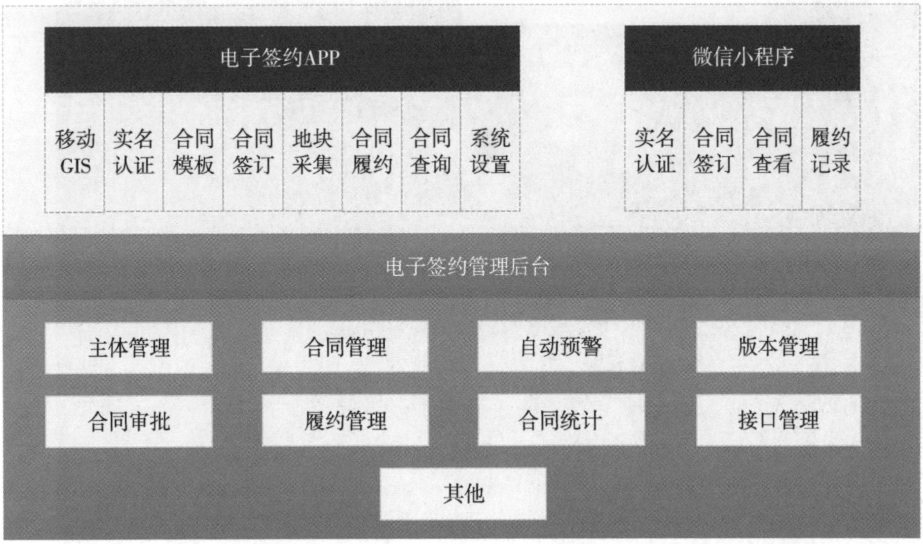

图 6-60　订单合同平台架构

电子签约管理后台:集成于整个大数据云服务平台中,与电子签约 APP 和微信小程序进行数据交互,负责合同审批和管理,同时对前端系统版本进行管理。电子签约管理后台界面如图 6-61 所示。

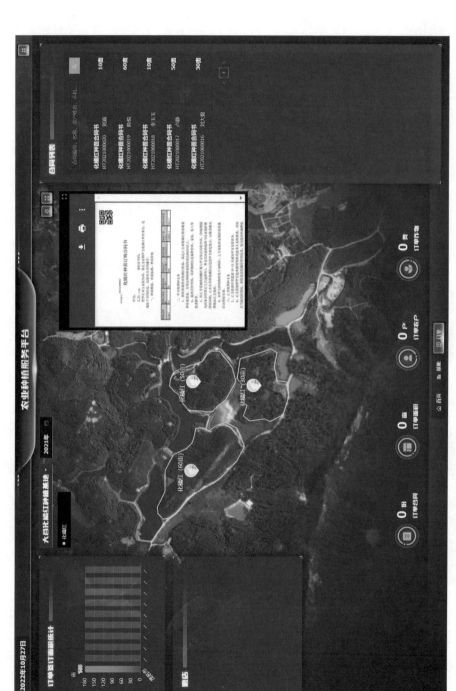

图 6-61 订单合同后台界面

电子签约 APP：由一线工作人员使用，用于农户的实名认证、合同签订、合同管理、履约查询、系统设置等；同时，APP 还集成了移动 GIS 平台，可进行地块采集，并将地块与合同关联。如图 6-62 所示。

图 6-62　订单合同移动端展示页面

1. 电子签约管理后台

电子合同签约主体是指中药材种植中参与经营的各方自然人、法人等。

（1）企业信息管理

企业信息管理：对企业名称、简介、地址等信息进行管理，提供增删改查，密码重置等功能。除本企业信息外，也管理维护合作种植公司、农资供应商、采购商等的信息。

企业人员信息管理：对企业中使用人员的名称、职务、联系方式、部门、角色、权限等信息进行管理，提供密码重置等功能。

（2）农户信息管理：对农户的姓名、电话、身份证、地址、银行账号以及地块等信息进行管理，提供增删改查、密码重置等功能。其中，对已有农户的重要信

息的修改需要走审批流程,比如身份证、手机号码、银行卡号等信息的变更。用户可查看农户实名认证结果和风险评估结果。农户信息管理界面如图 6-63 所示。

图 6-63　农户信息管理

（3）合同模板管理:按照企业的合同规范和各中药材的特点,将不同的合同制作成模板,并提供修改、删除、存档等管理功能。合同模板可以按年份进行存档。用户可以在平台查看合同模板的历史版本,也可以把上年度的合同模板转化为本年度的模板,修改后形成本年度正式模板。合同模板包含合同编号、企业(甲方)基本信息、农户(乙方)基本信息、品种、等级、价格、结算方式、权利义务、违约责任等信息。合同模板管理界面如图 6-64 所示。

图 6-64　合同模板管理

（4）电子签约合同管理：将平台中生成的电子合同按照合同所属企业、合同类型、签订日期进行分类归档管理，每份电子合同都有对应的保存编号，如图6-65所示。

图 6-65 电子合同管理

（5）纸质签约合同管理：将平台中生成的纸质合同分类归档管理（图6-66），具体要求参考电子签约合同管理。

图 6-66 纸质签约合同管理

（6）**合同查看及打印**：可在线查看每一份合同的详细情况。可在平台中通过浏览合同列表或通过查询工具查找合同，直接点击合同名称即可打开合同，并支持在线打印。审批签订完成的合同只可查看不可修改，从而确保每一份合同被真实留存。

（7）**签约农户的预警**：基于地块信息，通过区域性的身份信息查验手段，对一地多签，价格、面积、产量等不符信息进行自动判断预警。完善农户的信用信息，对合同失信人员进行登记和分类管理，建立农户信用库，当新合同签订时平台可自动预警提醒。

（8）**合同查询及统计**：平台提供合同查询统计功能，可按区域、品种、时间、农户信息、合同编号等对合同进行查询，并将查询结果以柱状图、饼图或直方图等形式表达，生成相应报表或台账。通过查询统计功能，企业既可方便地从宏观了解合同签订情况和执行情况，也可查看每一个合同的细节内容。查询统计是帮助企业进行订单农业合同管理的重要功能。

2. 电子签约 APP

电子签约 APP 为一线管理员与农户签约的移动终端，可实现农户新增、实名认证、合同签订等功能；集成移动 GIS 系统，实现地块点选功能，可将合同和地块一对一地关联起来，实现合同的可视化管理。

（1）**新增农户**：对于新发展的种植农户，可通过平台中新增农户功能，将其详细信息录入到系统中存档管理，包括农户类型、种植基地、姓名、手机号码、身份证号等。为了降低一线管理员的操作难度，提高效率，系统提供在线 OC 功能，该功能能够自动获取身份证上的文字信息并将其记录到系统上，如图 6-67 所示。

（2）**实名认证**：系统可帮助在线完成农户信息实名认证，确保农户信息的真实有效。未通过实名认证即说明上报的信息之间有相互不匹配的情况，与其签订合同会存在一定的风险。因农户信息较多，系统还提供了查询功能，可以选择需要实名认证的具体农户，并自动抓取已录入的农户相关信息，结合农户上传的身份证照片对其进行实名认证。

图 6-67　新增农户功能

　　实名认证一般通过三要素或四要素认证即可，如果未通过，需要令农户按照系统要求录制一段视频并上传到平台，完成活体验证，验证通过后才算认证成功，如图 **6-68** 所示。

　　（3）合同签订：合同的签订是指一线管理员和农户当面签署电子合同。系统提供电子签章功能，包括手写电子签、短信验证、电子章加载等方式，完成签署的合同会生成 PDF 文件用于归档保存。系统提供签约拍照功能，可拍照记录与农户的签约的过程。系统还提供了地块关联功能，基于移动 GIS 选择或采集地块，并将其与合同关联起来。

图 6-68   农户实名认证

　　合同签订的基本操作步骤如下：管理人员查询并选择农户，完成农户信息的自动填写；管理人员选择合同模板，并填写品种、等级、单价、面积、总价、时间等信息（图 6-69）；管理员和农户当面确认填写信息，农户确认无误后在 APP 上签署名字，系统拍照记录签约过程。

图 6-69 新增合同

（4）**短信推送**：系统集成第三方短信推送服务，可实现农户短信验证签约功能，同时可将农户实名认证结果、合同签订结果以手机短信的方式推送到农户或相关管理人员的手机上。

（5）**地块采集**：地块采集分为地块边界图形采集和地块属性数据采集。地块边界图形采集提供地图勾绘和轨迹记录两种采集方法。地图勾绘通过影像图辨别地块边界，直接在电子地图上勾画地块边界，系统自动计算出勾画地块的面积和周长，如图 6-70 所示。

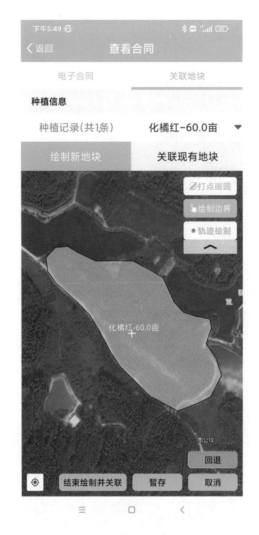

图 6-70　合同地块采集

系统配套提供了绘制方式选择以及编辑的辅助功能。

自由打点：通过在图上点击打点的方式进行地块勾绘，系统会将打点位置自动按顺序连接成面，从而得到采集的地块图形，该形式适用于较规则的地块采集。

中心打点：系统会记录下地块的中心经纬度数据，适用于只需要记录地块大致经纬度信息的情况。

手绘：用手指在地图上按地块边界进行勾画，从而完成地块边界的采集,适用于不规则的地块采集。

暂停:勾绘中如要对系统进行其他操作,可暂停当前采集,避免因屏幕操作影响图形的采集。

回退:在勾绘过程中,若操作有误或有勾绘不准的地方,可通过回退功能回到上一采样点重新绘制。

轨迹记录:通过 GPS 定位,围着地块边界实际走一圈,从而完成地块边界的采集。在轨迹记录过程中,系统自动记录当前定位状态、采集开始时间、采集持续时长,并结合已记录坐标点数量、行走的距离自动计算地块面积。

（6）**系统设置**:提供 APP 相关的设置功能,包括手动上报数据、版本更新、退出登录和密码修改等功能。

（七）系统管理平台

1. 知识库管理系统

知识库管理系统可提供种植技术、施肥技术、浇灌技术、喷药技术、田间管理、病虫害防治等相关知识及公司文件的查询、浏览和管理功能。功能描述如下:

（1）**知识库**:可实现对知识库信息的查询、浏览、新增和删除。

（2）**培训材料**:对种植过程的培训材料进行管理及推送,包括文档、图片、音频、视频等。

（3）**公司文件**:可实现对公司文件的查询、浏览、新增和删除。

2. 用户管理子系统

用户管理实现对各系统用户的管理。功能描述如下:

（1）**系统用户管理**:实现对数据中心服务器系统用户的信息管理。

（2）**APP 用户管理**:实现对 APP 端用户的信息管理。用户注册 APP 时需要进行认证,以确保移动终端不被外人注册使用,扰乱系统数据。

（3）**用户统计**:对用户数量进行统计,可形成电子表格并在线打印。

3. 权限管理子系统

权限管理是指根据管理的需要设置用户的角色,并根据角色赋予其相应的权限,主要是控制用户对数据的访问权限、编辑权限、查询统计权限及图表打印等。功能描述如下：

（1）**角色设定**：管理员可以参照管理的需求设置用户角色，包括系统管理员、经理、主管、生产管理员、会计等多个角色。

（2）**系统管理员**：负责对系统的维护，可访问系统全数据库和全功能，包括用户密码修改等。

（3）**经理**：负责经营管理，可访问系统全数据库和全功能。

（4）**部门主管**：负责本部门的管理，可访问本部门的数据，功能权限由经理决定，并由系统管理员进行设置。

（5）**生产管理员**：负责所管片区的管理，可访问所管片区的数据，功能权限由部门主管决定，并由系统管理员进行设置。

（6）**会计**：负责财会及农资的管理，可访问财会农资数据，功能权限由经理主决定，并由系统管理员进行设置。

六、应用效果

传统的药材种植模式需要大量的人力、物力，而天气等环境的变化亦对药材的生长有着较大的影响，为了更科学地管理和种植中药材，将物联网技术应用到中药材种植上，可以提高中药材种植的产量和质量。以互联网技术为载体，化橘红溯源管理平台实现了对化橘红生长环境的动态监测，进而根据外界环境变化对其生长所需进行远程管控，保证了中药生长环境的稳定性，真正实现精耕细作，保证产品质量。

1. 建立化橘红规范化生产技术规程

以新版中药材 GAP 为技术指导，建设化橘红规范化生产技术规程，打造化橘红规范化生产基地，建立中药材生产质量追溯体系，保证从生产地块、种子种苗或其他繁殖材料、种植/养殖、采收和产地加工、包装、储运到发运全过程关键环节可追溯，推动中药高质量发展。

2. 实时采集，远程控制

利用物联网技术，动态监测化橘红的墒情、苗情、虫情、灾情等，为企业提供作业数据支撑，还基于互联网实现对设备的启停、监控拍照、数据采集等远程控制和实时数据采集。

3. 生产过程质量可追溯

通过视频监控、智能设备作业留痕、中药材标识码等信息化手段,实现化橘红从种子种苗、种植、采收、加工、仓储、运输等全过程可追溯。

4. 可视化监管,辅助决策

对化橘红种植辖区数据进行汇总分析、集中展示和可视化管理,对辖区化橘红产业的种植总面积、总产量、产业分布、市场行情、经营主体等整体发展状况进行统一监测和调控。

5. 总结经验,科学种植

总结和汇集行业专家知识和技术经验,结合资料数据及数学模型等,针对不同道地药材的品种、地域、气候等,为农户提供科学的种植建议。

第 七 章

凉粉草溯源技术应用案例

一、开发背景

1. 凉粉草基本情况

凉粉草是唇形科植物,别名仙草、薪草、仙人草、仙浆,是我国一种药食两用的植物,图 7-1 所示为凉粉草植株。据《中药大辞典》载,凉粉草性寒、涩、甜,具有清暑、解渴、除热毒等功效,适用于中暑、消渴、高血压、关节及肌肉酸痛等病症。凉粉草深受消费者喜爱,市场需求量逐年增加,开发前景良好。

图 7-1 凉粉草植株

2. 基地介绍

平远县仙草基地位于梅州市平远县大柘镇,基地自成立开始,利用粤东西北山区良好的生态环境,开展中药材种子种苗繁育和标准化种植。近年来,该县依靠当地生态资源优势,抓住国际、国内食药两用药材市场日益走俏的大好形势,着力发展凉粉草种植,取得了显著成效。2018 年,平远县种植凉粉草的面积达到了 28 995 亩,近万人从事凉粉草种植和加工工作,其中对口的专业技术人员有 300 多名,为凉粉草种植、加工全程提供全面科学的技术支持与服务。经过多年的不断发展,平远县凉粉草种植与加工产品产量在凉粉草市场占比超过 60%,成为全国最大的凉粉草种植加工基地,并带动闽粤赣周边市县种植 20 000 余亩,年产值超 6 000 万元。

基地十分注重科技创新,与广州中医药大学、广东药科大学等科研院校合作,共同建设了"大南药 GAP 研究院""南药种质资源圃""种子种苗繁育中心""凉粉草研究所"等现代中药研究开发机构;与多家药企建立战略伙伴关系,不断扩大 GAP 种植示范基地和产业化基地,目前已成为多个大中型中药企业的重要原料基地。

通过"公司 + 生产企业 + 基地 + 合作社(农户)"的模式,实施"订单种植 + 保价收购",带领各大农户种植南药,通过多种药物致富,为当地提供就业岗位,极大地促进了当地经济的发展,取得了良好的生态、社会和经济效益。

3. 种植现状与发展趋势

凉粉草种植产业对促进中药材健康发展、增加农民收入、加快解决"三农"问题、推进生态文明建设具有重要意义。在福建、广东、广西及海南等省(自治区)均有种植和食用凉粉草的传统习惯,其中福建和广东是凉粉草生产的两大传统产区。近年来在凉茶产业的带动下,凉粉草种植以自营种植基地或合作社农户为主,产区的栽培面积迅速扩大,并逐步形成地域特色,成为当地农民栽培的主要农作物。但大多数农户对凉粉草市场缺乏合理的预测和科学的判断,栽培管理技术规范难以统一,不利于优良品种的推广,且质量控制也增加了种植成本。此外,长期连作、虫害、不少个体种植者存在市场信息差、物流成本高、销售渠道单一等问题也直接影响着凉粉草种植的经济效益,限制了凉粉草产业的发展。如何科学规划凉粉草种植已成为凉粉草种植产业亟待解决的问题。

4. 质量溯源存在的问题

随着产业发展,市场对凉粉草的需求量不断增加,凉粉草生产模式也逐步从传统的分散种植模式向现代化规模化种植模式转变,但由于产业发展起步较晚,种植技术不够成熟等原因,凉粉草产品产业链的质量溯源体系仍有存在以下问题：①企业没有建立品质追溯系统；②可追溯系统的相关标准不统一；③存在系统信息孤岛；④监督和管理手段相对落后。

（1）企业没有建立品质追溯系统：完善的品质追溯系统应能实现产品供应、生产、流通、销售、服务环节的全生命周期管理，实现事后追溯、事前预防、事中控制、产品信息溯源、生产原料信息全部采集记录并可追踪。但中药材企业要建立追溯系统并非易事，必须配备相应的硬件和软件，而系统开发建设和维护费用巨大，除成本增加外，企业还将面临更加严格的监管，其积极性自然不高。

（2）可追溯系统的相关标准不统一：可追溯系统是通过网络数据库，以二维码技术、条码技术、射频识别技术等为基础，通过现代信息系统实现的。国内追溯系统框架尚不统一、数据库及功能模块设计不够理想、追溯数据不完整。企业难以完成追溯系统的自我迭代改进，也难以建立起统一的标准编码系统，这些困境都制约着追溯系统在中国的应用。

（3）必须打破系统信息孤岛：虽然企业采用财务系统、ERP系统等计算机化管理方式，但物料管理、生产管理、产品检验、质量追溯、设备管理等部分仍然是独立的。孤岛的存在会影响信息的多向收集以及重复输入数据的一致性和准确性，由于大量生产数据没有共享，数据的作用并没有完全发挥出来[47]。打破信息孤岛，解决区域、部门、系统之间的数据无法全面、准确、快速地汇总分析的问题，能有效提高企业产品追溯能力。

（4）监督和管理手段相对落后：根据调查，许多中草药企业仍然使用纸质记录的方式监督和管理生产活动。从生产计划到手动录入生产批次记录，这种传统的长期的纸质监控方式的缺点是显而易见的。其主要问题有：①材料的生产过程复杂；②产品验证缓慢；③报告缓慢；④报告传输路径容易出现误差；⑤质量追溯难。而且，采用人工操作方式容易产生错误的数据记录。由于人为错误或对数据的完整性和准确性存疑，数据收集的及时性得不到保证。此外，由于人为干扰，可能会出现材料不正确、交货不正确或批次混乱等问题。

5. 建设目标

以"溯源"为核心，对凉粉草生产基地进行全程管理，构建基于质量控制体系的个性化系统安全追溯管理平台；提升凉粉草生产企业可视化管理、种植管理、可追溯管理和标准化、数字化、信息化和智能化水平,构建凉粉草全程跟踪的标准化生产服务平台;建立可追溯平台数据库,通过互联网接入、条形码、SMS 和触摸屏的二维扫描,确保凉粉草的质量,实现可追溯性。

建立凉粉草动态质量控制体系,是提高药品质量至关重要的保证,可以帮助创造诚实的消费市场,对中药市场的健康发展也有重要积极作用。

二、需求分析

1. 业务需求分析

中国凉粉草产业发展较为滞后,品质问题日渐增多,这主要是由于药农自繁,品种选育、质量标准不严格、不统一引起的,会导致病虫感染、种性退化、良种覆盖率低、野生种质过度采集、产量不稳定、种植效益低等问题,无法满足现代社会不断增长的种植需求。

农作物基因是影响药材品质好坏的关键因素。在标准化的过程中,我们不仅要在前期进行严格的育种选择和病虫害防控,还要对作物的生长进行全面的监控,包括种子信息来源查询、施肥施药控制、种植管理、加工流程把控等。在种植中药材以后,各种指标会对作物的生长发育产生一定的作用,包括空气、土壤、水源等。因此,建立中药材种植信息追溯系统对药材进行质量监督和质量控制十分有必要。中药材种植信息溯源系统包括药材种植、药材环境监测、药材加工、质量管控、物流运输等一系列的流程,可帮助实现中药材种植的规范化管理和综合流程管理。

2. 业务流程分析

凉粉草业务流程主要包括:种苗繁育、田间管理、生产种植、采收、加工仓储、销售包装及运输等。下面对各业务流程进行具体分析。

(1)**种苗繁育**:凉粉草种苗一般需要去厂家购买或者去合作基地领取。技术人员按照合作社、农户的资料,制定发放苗种的方案,并将苗种汇总表发放到合作社和农户手中。基地根据已通过的育苗检验报告和育苗领取反馈单,将发放育苗的信息发送给合作社和农户,通知其发放地点和时间。若育苗资料审查不合格,应重新调整育苗资料。合作社和农户收到通知后,根据通知去基地领取育苗,基地根据合作社和农户的身份证信息与分配表进行校验,校验成功后合作社和农户填写签收表即可领取育苗。合作社和农户成功领取育苗后,技术员需要为已领取育苗的合作社和农户提供科学种植技术培训。合作社和农户完成培训后方可进行种植工作,技术员需要记录已培训的合作社和农户。同时,技术员需要定期去各乡镇指导监察种植过程的工作,及时发现并解决种植过程出现的问题。种苗发放业务流程如图 7-2。

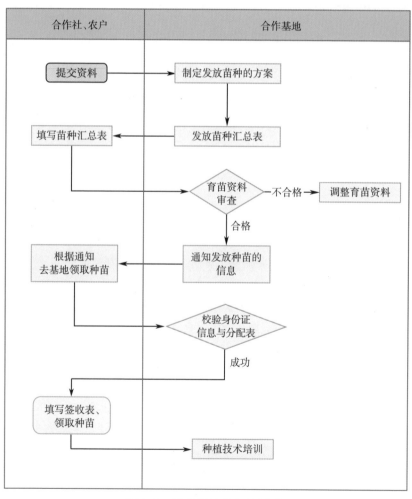

图 7-2　种苗发放业务流程图

（2）**田间管理**：田间管理的目的是确保凉粉草生长稳定，保证品质。基地各项技术操作应规范，如种苗、除草、施肥、浇水、病虫害防治等；还应满足作物生长期对温度、湿度、光照、空气和养分的需求。

（3）**生产种植**：指种子或幼苗进入种植和生产过程。从种植到采摘药材，包括施肥、除草、病虫害防治、杂草防治等都属于生产环节。

（4）**采收**：采收是将可收获的凉粉草从土壤中提取出来，经过一系列的加工，例如挖掘、晾晒、炒制、蒸制等，再进行包装等工序，使其成为商品。凉粉草在发芽前已达到收获阶段，采收时必须一次性收获。

（5）**加工仓储**：凉粉草在采收后需进行适当地加工方可上市。加工过程涉及产品的分级、除去杂质等，可以和其他产品一起加工。凉粉草应储存在干燥、凉爽、通风、无阳光直射的地方，还要定期进行检测，做好病虫害防治工作。

（6）**销售包装和运输**：药材在各个地区批发销售，在顾客购买之前，会有两次及以上的配送过程。因为药材经销多轮，在各个环节，整个链条的信息都变得模糊不清，且运输周期较长，运输过程中的问题也无法及时掌握，消费者在购买之后只能了解到它的来源和等级，无法了解更多的信息。因此，建立一套可追溯的系统对凉粉草的销售和运输进行全程的跟踪，可以更好地管控整个销售流程。

3. 业务目标分析

（1）**提升管理**：转变传统的管理方式，主动运用信息化工具提升管理能力；解决好种植精准管理技术手段缺乏等问题，帮助企业迅速提高发展质量和效率；增加药农的收入；改变发展模式，增强创新能力。在 GIS 框架的基础上，利用大数据、云计算、可视化等先进技术和地理信息技术，实现信息的实时管理。

（2）**科学决策**：药农及管理人员可通过平台快捷填报相关指标数据，企业可通过平台快速查询、统计分析数据，以指导凉粉草的科学种植。实现企业与药农、销售、农资、金融、保险的数据资源互通互联，实现相关数据的共享；基于大数据分析技术，充分挖掘数据价值，为提供优质的综合服务和决策判断提供依据。

（3）**持续发展**：对企业的生产、原料供应、产品交易、产品追溯、物流配送等方面的信息进行全面统计,并通过分析模型和可视工具对企业的经营状况进行监测和分析,及时制定种植、生产、市场调控策略,避免因为质量或价格出现波动给企业带来重大损失。

4. 系统角色职责分析

企业内部一般由管理层、生产技术部、采购部、销售部、会计部门等组成;对外的协同架构关系一般有药农、合作社、其他种植企业以及政府部门等。各角色职责如下:

(1) **管理层**:负责公司的整体运营管理,包括人员的聘请、岗位任命、管理授权、考核和评估;制定年度及各阶段的运营目标;负责农资订单、销售订单、种植管理等工作。

(2) **生产技术部**:负责制定和发布公司的中药材种植计划;管理和监督采收和加工过程;指导和监督一线管理员;对田间作业中出现的问题提供专家技术指导服务;协助采购部做好物资的发放、调拨和使用;负责管理和维护溯源信息。

(3) **生产管理部**:负责在相关区域内开展药农合作社的种植工作;指导并跟踪各项工作的实施情况,包括土地整理、种植、树体管理、土壤管理、水肥管理、植保管理、采收管理、苗情管理等;与责任区域的药农、合作社签订订单。

(4) **采购部**:负责种苗采购、农资采购、物资出入库、物资调拨等工作。

(5) **销售部**:负责中药材产品销售与渠道管理等工作。

(6) **会计部**:负责工资、采购、订单履约等财务事宜。

(7) **药农、合作社及种植企业**:与企业签订订单,并按照合同规定,在各自的区域内进行中药材的种植,并由相关的生产管理员进行指导和监督,并与生产管理部和采购部协同拨发,保证订单顺利进行。

三、凉粉草标准体系

凉粉草标准体系的建立可以规范从种子培育到加工销售全产业链的流

程管理,促进凉粉草生产结构的调整,提升凉粉草的质量和竞争力,满足市场大众需求。

1. 形态特征

凉粉草是一年生的草本植物,直立或平卧,茎四边形,高84~100cm,稍平卧,向上直立,疏生毛,绿色或紫红色,单叶,狭椭圆形至宽椭圆形,长2.5~8cm,宽1.8~7cm,边缘有轻微或非常深的锯齿,两侧有细毛,叶柄长2.5~15.5mm;花蕾椭圆形至倒三角形,淡紫色,后脱落;许多轮状花序形成顶生总状花序,长5~10mm;花小,茎长约3mm;双唇形,结果圆柱形,密被短柔毛和疏生白色,上唇三重,中部较大,下唇全缘或稍凹陷;花冠白色或带红色,长约3mm,上唇宽,全缘或齿裂,下唇长椭圆形,凹唇,雄蕊通常在4枚,花丝突出;雌蕊1枚,花柱2枚,单瓣膨大;果实椭圆,黑色,花期为7—11月。

2. 生长特点

凉粉草主要分布在广东、广西、福建、台湾等地,生长在林地、溪流或干燥的沙质草地上。产地气候特点为冬季温暖,夏季炎热湿润,光照充足,相对湿度大,雨季大部分集中在5—8月。

凉粉草喜欢湿润环境,气温下降到10℃时长势缓慢,下降到0℃时会出现冻伤冻死的情况,冬季需要给予保暖措施;在生长发育期间,充足的降雨通常有较高的产量,但也需防止积水导致烂根现象;较耐阴耐晒,同时也需防止过于干旱导致枯死;对于土壤条件的要求虽然不严格,但最好是松弛、肥沃、湿润、腐殖质丰富的沙土,在干燥、贫瘠的土壤中生长缓慢。

建设GAP基地时,必须依据凉粉草的生长特征进行合理规划。一是要考虑选址条件、选址要求、选址方法等,应远离有大量工业废气、废水排放的地点,具备良好的灌排条件。二是要防止农药残留和重金属超标,加强科学生产管理措施,做好土壤净化、管理、监测工作。三是要提升种植技术水平,这是基地建设成功的关键因素,要合理调控种植规模,逐年增加种植面积和收获面积,使基地进入良性循环。

3. 栽培技术

（1）**种苗繁殖**:选用幼茎或无病虫害的嫩茎进行插苗,插穗长7~10cm,

按 45°剪口,留一对顶叶,把高 2~4 节的茎干去除,保证切口光滑,剪下的插穗立即用高锰酸钾溶液浸泡杀菌,然后用生根液浸泡切口及叶片,以促进生根。注意应及时扦插,避免由于插穗水分蒸发脱水导致扦插失败。

（2）定植:种植前先翻耕土地,晾晒土壤 5 天可增加土壤渗透性,减少冬季病虫害的发生;基肥施腐熟有机肥 15 000~22 500kg/hm²、磷肥 750kg/hm²、复合肥(氮、磷、钾各 15%)450~600kg/hm² 均匀撒到地块上[48];用耙深挖泥土,使泥土与肥料均匀混合。田垄宽 150~160cm,高 26~30cm。用黑色塑料薄膜覆盖棱线表面,保持水分和湿度,将覆盖周围的土壤完全压缩至干燥,在田地周围挖好排水沟。

定植时间一般在 3—4 月。当温度在 15℃ 以上时,选择阴天或阳光不强烈的时间定植。移植前需提前 1 天在苗地上浇水,苗移植的时候不需要把老泥土弄得太干净,直接把苗移植出来后种下去即可。通过地膜种植,保证洞周围土壤密实,苗距为 25~40cm。小苗需露出地膜,以防止温度过高导致烧苗。定植后,若为晴天,需要连续灌溉定根水,直到小苗定根为止;若为潮湿雨天,则需要根据实际情况来执行,还需注意及时排水。

（3）田间管理:定植后 7~10 天要做一次全面的检查,如发现死亡的植株要及时清除,及时补苗、更换同龄幼苗;如发现病虫害要及时喷药处理,以免感染其他健壮的苗情。

在生长发育期间要保持一定的湿度,土壤含水量维持在 50%~70%;干旱时要及时浇水,雨季时要及时排水,防止长期干旱或长期积水导致二次伤害。

田间杂草多的情况下,要及时清除田间和沟渠上的杂草,避免杂草对幼苗的生长造成影响。在施用除草剂时,选择没有下雨的时候进行定向喷洒。为了避免因为喷除草剂而出现伤苗的情况,喷洒时尽量往下喷,不喷到凉粉草上。

惊蛰时分害虫开始活动。除了可以用杀虫剂防治害虫外,还有人工、物理、生物、药用等多种防治措施。

1）人工防治:选择健康的苗情;土壤翻新,晾晒 1~2 天;种植密度不宜太大,定期到田间清除杂草,使苗与苗之间能保持通风透气,减少闷根现象。

2）物理防治:在干旱季节,应注意凉粉草生长环境的湿度,及时浇水。肥料也要跟上,植物生长较差是缺乏营养导致的。发现翅蚜虫时,及时"挂黄板"或"挂蓝板",剪除带虫枝条,及时清理杂草,提前拿网把凉粉草罩起来进行物理隔离。

3）生物防治:利用虫害的天敌,在凉粉草上放捕食螨,以螨治螨,这个过程不会影响植株健康。

4）药物防治:在病情较重的情况下,可以将杀虫药和杀卵药混合使用,每3天1次,连续使用3次。用药后要检查叶子,如果还有活体则再喷洒一次药。喷药应该先从下到上喷,然后再从上到下喷,水压应该调高,冲走虫子。及时清理田间周围地面杂草,将农药喷洒在周围的土壤表面。如果虫子的抗药性越来越强的话,推荐更换其他牌子的农药替换使用。

四、总体设计

凉粉草种植溯源系统的开发必须遵循国家药品监督管理局颁发的《中药材生产质量管理规范》的要求执行,设计标准化、规范化的数据结构和数据接口,在数据库结构、功能模块、菜单设计等方面应考虑系统管理的需求,在实际应用中,不仅要保证数据的有效性,又要为中药材信息资源的管理功能提供便利。

系统平台设计应遵循规范操作、安全稳定、接口标准、功能简单等原则,采用先进的管理手段和成熟的技术措施,保障系统的稳定运行和信息安全。采用开放式的结构模式,利用先进的技术、通用组件和通用接口来设计和实现种植溯源系统,这种框架下的系统便于维护、升级和扩展。系统需运用先进的技术手段,及时对中药材种植信息资源进行更有效、更标准、更完善的整合;安装和维护也应更方便。高智能化的平台功能帮助管理员轻松管理中药材种植工作,获取最新的信息资源和最新技术;可以储存、调用海量的种植和管理信息资源,不同权限用户在各自的权限范围内尽享各类种植信息资源。系统数据接口必须根据业主要求开放,对接各类现成应用系统或新建应用系统。系统数据应分类规范、调用简便、存储安全。系统应提供完善的日志记录供各级管理者随时查看,确保使用安全。

（一）总体设计原则

1. 建设原则和策略

（1）**技术先进、经济实用**：综合凉粉草种植溯源系统的发展需要,系统建设应借鉴国内外建设经验,采用先进成熟的技术和设备,既经济适用,满足当前需要,又能适应未来业务和技术的发展要求。

（2）**源头采集、可靠完整**：系统建设按照一数一源、多元采集,共享校核、及时更新、权威发布的原则建设。

（3）**安全可靠、保障运行**：在建设过程中,除了要保证系统安全外,还应充分保证数据安全,严防非法窃取和泄露。为了保证系统的安全、稳定、可靠、高效的配置等,应对设备进行身份验证,并建立一套完善的、高效的安全保护机制和运行维护机制。平台的建设标准基于系统的安全可靠,应能够实现 $7 \times 24h$ 的连续工作,无故障率超过 99.9%,若出现故障应能及时告警,软件异常自动恢复时间小于 30min。

（4）**便于扩展,维护简便**：在设计时,系统应具备易扩充性与易维护性,并且符合计算机、网络和通信技术的发展要求,以确保该系统保留了前沿技术,在互联网技术快速发展的阶段能保持技术的领先,为后期的业务和功能提供坚实的基础服务,为今后的扩充与升级留有足够的余地,最大限度地保护投资者。

（5）**改革创新,惠农利企**：通过技术创新和流程升级,重点解决凉粉草种植生产数据孤立、偏差,管理、协调、联动机制不完善等问题,加快凉粉草技术、产品、管理、服务、模式等多种创新,以服务企业发展为中心,以惠农利企为导向,以实际需求为重点,提升企业和药农的获得感和满意度。

2. 建设标准
种植溯源系统平台应将以下国家相关部委发布的建设规范和相关标准文件作为建设标准及依据：

（1）《重要产品追溯　产品追溯系统基本要求》（GB/T 38158—2019）。

（2）《重要产品追溯　追溯管理平台建设规范》（GB/T 38157—2019）。

（3）《重要产品追溯　追溯术语》（GB/T 38155—2019）。

（4）《重要产品追溯　追溯体系通用要求》（GB/T 38159—2019）。

（5）《重要产品追溯　交易记录总体要求》（GB/T 38156—2019）。

（6）《重要产品追溯　核心元数据》（GB/T 38154—2019）。

（二）总体建设内容

借助物联网、云计算技术、大数据分析等先进的智能化技术,从凉粉草信息化入手,逐步建立模块化的中药材(凉粉草)种植溯源系统,以中药材品质管理为安全保障体系和运维服务体系,实现凉粉草整个生命周期产品质量安全体系和标准体系的制定与建立,形成凉粉草从"种子到餐桌"全品类、全区域、全覆盖、全流程的溯源体系,推动中药材产业发展和区域升级,真正实现中药材"责任可认定、生产可记录、流向可跟踪、安全可预警、身份可调查、产品可召回"的中药材(凉粉草)种植溯源系统。

凉粉草溯源系统包括统一权限管理平台、数据交换平台、智能检索和分析平台、数据日志与安全支撑平台、种植溯源管理后台、种植溯源移动端、消费者移动端服务、种植溯源可视化平台。

1. 统一权限管理平台

应用统一权限管理平台提高权限的集中管理,进一步加快了各业务系统之间的信息共享与融合,可以使信息资源重复利用,同时为业务功能组件化管理提供权限服务支撑,提高业务应用及分析决策能力,避免了在权限调整过程中存在用户权限放大的隐患。应加快统一权限管理平台的建设,以确保系统内人员、组织机构数据的一致性,利用权限分析检测功能,对人员权限进行全面监控与合规性检测,通过安全、高效的数据同步技术,提高调整效率。

统一权限管理平台包括统一身份、统一认证管理、统一授权等核心功能模块,可实现人员身份管理、组织机构管理、授权管理、合规性管理、模块功能,从而达到统一管理、流程规范的目的。

统一权限管理平台主要采用单点登陆认证技术（SSO），通过使用单点登录，用户登录门户后，可直接访问相关业务平台，在身份凭证有效期内，也不需要再次进行认证，提高了系统的易用性、安全性和稳定性。在系统服务器上，通过部署 SSO 认证包，实现即装即用，具有很强的灵活性，并且可以精确记录用户的日志等，对后续业务系统扩展有良好的兼容性。

2. 数据交换平台

数据交换平台就是把不同来源、不同特性的数据，从逻辑上和物理上进行有机整合，从而为中药材（凉粉草）种植溯源系统提供全面的数据共享。通过数据交换平台解决凉粉草数据一致性和数据可靠传输问题，打破凉粉草信息数据孤岛，建立凉粉草数据中心，最终实现数据的共享、发布和应用。

数据交换平台的作用：

（1）打通信息孤岛，形成全景数据视图，利用数据集成来实现信息的互联，为数据分析应用提供完整的数据。

（2）形成统一数据标准，实现多样数据融合共享，利用数据集成来实现异构数据的统一，从而降低冗余的数据，让数据共享的应用更加便利。

（3）确保信息传递的可靠性，提高数据质量，利用数据集成提高数据及时性、准确性、完整性，增加数据可信度。

3. 智能检索和分析平台

智能检索和分析平台基于 GIS 的"一张图"进行综合集成、展示与管控。GIS 的"一张图"可对各个子系统的设备和数据进行统一整合，通过图层控制的方式展示各类监测传感数据，提供全面展示、智能搜索、空间分析及实时数据的专题图分析功能，方便用户实时掌控基地的作物长势、作业信息、温湿度等监测资料。

其中，智能搜索提供了一系列的搜索模式，例如模糊搜索和精确搜索，可对融合子系统内的设备传感器、人员目标、视频等提供模糊搜索功能，并以列表和地图展示相结合的方式进行信息展示和空间定位，使用者可以在搜索结果中迅速地选取搜索对象。

4. 数据日志与安全支撑平台

数据日志与安全支撑平台主要通过服务器日志管理实现相关功能。服务器日志管理就是对服务器日志进行收集、汇总和分析的过程,可帮助将有关服务器活动的原始日志数据转换为有关安全或性能问题的可操作信息,还可以提高数据的安全性,优化服务器和应用程序性能。

通过监控和分析实时或历史服务器日志,可以更好地识别问题的常见模式或趋势,进而在事件发生时更快地从根本上进行原因分析。此外,分析日志信息还能协助公司迅速发现并改善应用程序或服务器性能问题,有助于防止或最大限度地减少潜在的服务中断发生。

5. 种植溯源管理后台

种植溯源后台是整个溯源管理体系的基石,也是溯源管理的重要环节,这部分信息的真实性与有效性关乎整个溯源过程的成败。该系统的主要功能是记录凉粉草生产的详细信息(如育苗、种植、施肥、灌溉、用药防治病虫害、采收时间、初加工等),将凉粉草生产过程信息化,为凉粉草建立一份"电子档案",对其生产过程全程记录,并将记录的信息存储到凉粉草溯源管理系统的数据库中,方便后续查询。同时管理人员还可以采用加密技术,通过私钥对信息进行加密,为每一批经过抽样检查合格的凉粉草生成二维码标签,在该标签中记录凉粉草的生产过程信息。

6. 种植溯源移动端

种植溯源移动端的主要功能是让种植者简单、高效地管理凉粉草的种植、采收、加工等环节。通过该应用,用户可以轻松记录凉粉草的种植批次,追踪凉粉草的生成过程和分析种植过程中的各种数据,实现中药材从基地档案、种源、种植、田间管理、采收、加工、仓储、检验、包装、赋码、销售、运输全流程追溯所需信息的采集、数据汇总和展示,以及中药材基地种植全过程追溯信息的管理。

7. 消费者移动端服务

构建消费者移动端,一方面满足了消费者知情权,另一方面提高了公众对凉粉草质量安全的信心。将凉粉草生产者置于公共监督之下,约束了生产者不依标生产的行为,真正做到了源头控制,可有效提高凉粉草安全生产水平。以二维码为载体,结合手持终端,通过一物一码、一码一物、一物多码等方式实现凉粉草的全过程质量追溯,可以有效地制止制假售假的行为,推动形成规范化的凉粉草市场。

8. 种植溯源可视化平台

建设凉粉草种植溯源可视化平台可将互联网从桌面延伸到田野,让基地实时在线,从而实现凉粉草基地与数据世界的融合;将实时采集的传感器数据与传统的种植经验结合起来,让基地管理员可以在远程的情况下,随时查看基地中的各项数据(温度、湿度、光照、水量、作物生长视频记录),从而判断凉粉草生长的最佳条件;更可以通过远程视屏系统查看作物病虫害问题,利用实时视频信息、结合相应的同期数据进行分析,远程诊断病虫害原因,及时对病虫害进行处理解决;还可实现对凉粉草病虫害的早期预警和对凉粉草的早期预测。

(三)系统架构设计

1. 架构原则

微服务架构(microservice architecture)是一种架构概念,旨在通过将功能分解到各个离散的服务中以实现对解决方案的解耦。其核心是将功能分解到分散的各个服务当中,以减少系统间的耦合度,同时为用户提供更多的服务支撑。从定义上看,微服务架构就是把一个大型的单体应用程序和服务拆分为数个甚至数十个的支持微服务,其好处是可以扩展单个组件而不是整个的应用程序堆栈,从而满足服务等级协议;在创建应用时围绕业务领域组件进行,这些应用可独立地进行开发、管理和迭代;并在分散的组件中使用云架构和平台式部署、管理和服务功能,使产品交付变得更加简单。微服务架构的本质是用一些功能比较明确、业务比较精练的服务去解决更大、更实际的问题。微服务技术架构如图7-3所示。

2. 总体架构

以"一中心+N应用云平台"为总目标,运用云计算、大数据、物联网、地理信息、卫星应用等新兴技术,采用"互联网+"的思维,以"溯源"为核心,结合中药材行业管理和凉粉草的实际特点,开发中药材(凉粉草)种植溯源系统,实现可视化平台、种植管理移动端和种植溯源管理后台,全面构

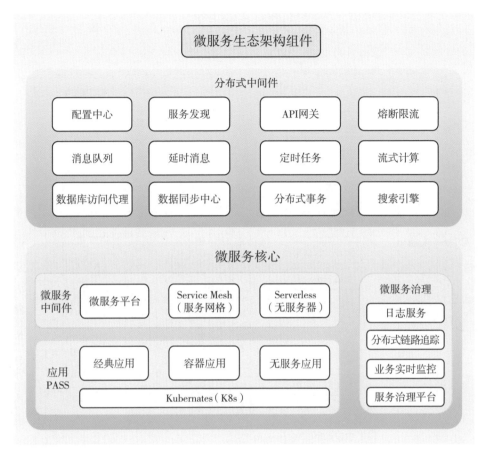

图 7-3　微服务技术框架

建及时发现、及时处理、监管透明及可量化的凉粉草溯源系统。平台总体框架设计如图 7-4 所示。

3. 网络设计

凉粉草种植溯源系统的网络拓扑结构如图 7-5 所示,主要包括一级监测中心、农场监测中心、农场物联网设备等。网络拓扑主要采用光纤、交换机、移动客户端作为数据连接线,数据存储设备采用大容量的硬盘来存储海量的数据信息。系统支持统一的身份认证,采取严格的网络管理模式,在机房配置入侵检测系统,以保证系统的安全。网络中心配置了高性能服务器,配置容灾备灾服务器,实现应用程序与数据分离,以保证系统的安全系数和提高稳定性。

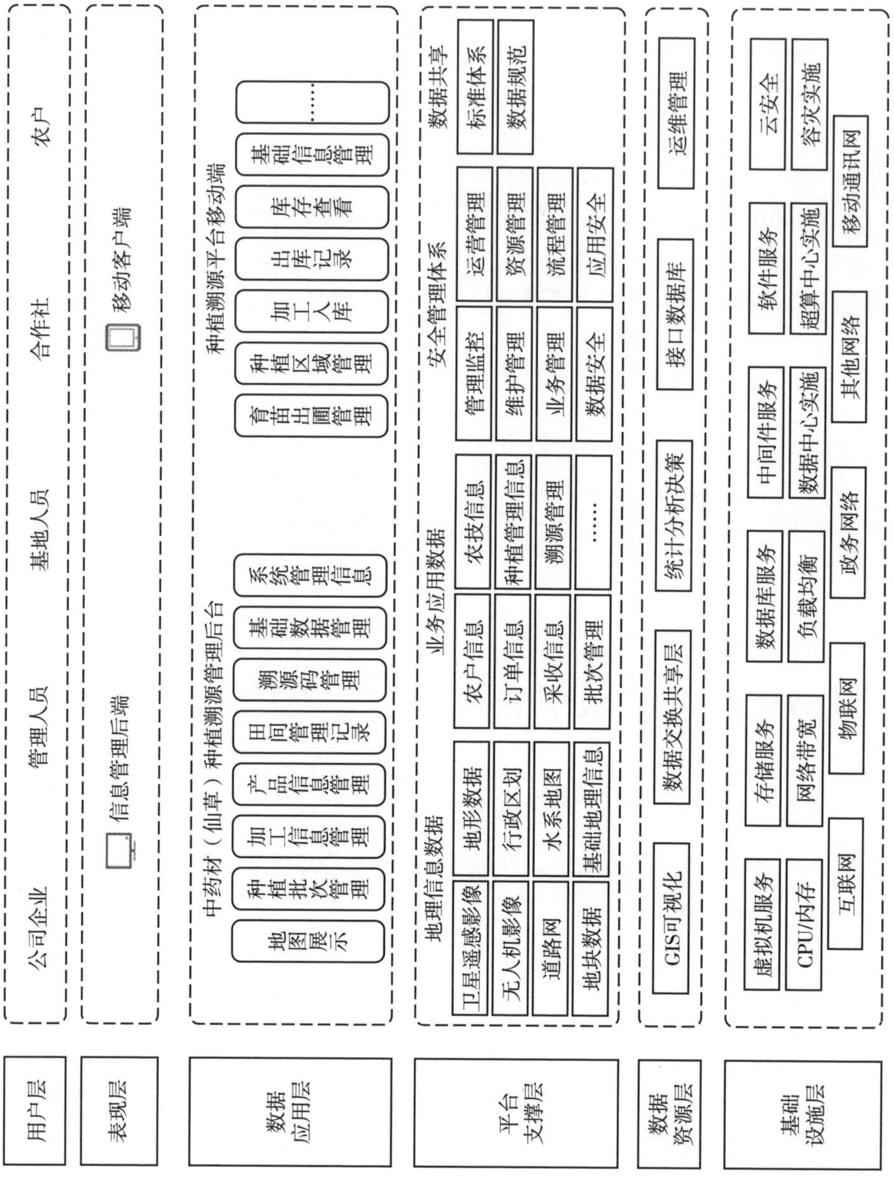

用户层
公司企业
管理人员
基地人员
合作社
农户
表现层
信息管理后端
移动客户端
数据应用层
中药材（仙草）种植溯源管理后台
地图展示
种植批次管理
加工信息管理
产品信息管理
田间管理记录
溯源码管理
基础数据管理
系统管理信息
种植溯源平台移动端
育苗出圃管理
种植区域管理
加工入库
出库记录
库存查看
基础信息管理
……
平台支撑层
地理信息数据
卫星遥感影像
地形数据
无人机影像
行政区划
道路网
水系地图
地块数据
基础地理信息
业务应用数据
农户信息
农技信息
订单信息
种植管理信息
采收信息
溯源管理
批次管理
……
安全管理体系
管理监控
运营管理
维护管理
资源管理
业务管理
流程管理
数据安全
应用安全
数据共享
标准体系
数据规范
数据资源层
GIS可视化
数据交换共享层
统计分析决策
接口数据库
运维管理
基础设施层
虚拟机服务
存储服务
数据库服务
中间件服务
软件服务
云安全
CPU/内存
网络带宽
负载均衡
数据中心实施
超算中心实施
容灾实施
互联网
物联网
政务网络
其他网络
移动通讯网

图 7-4　平台总体框架

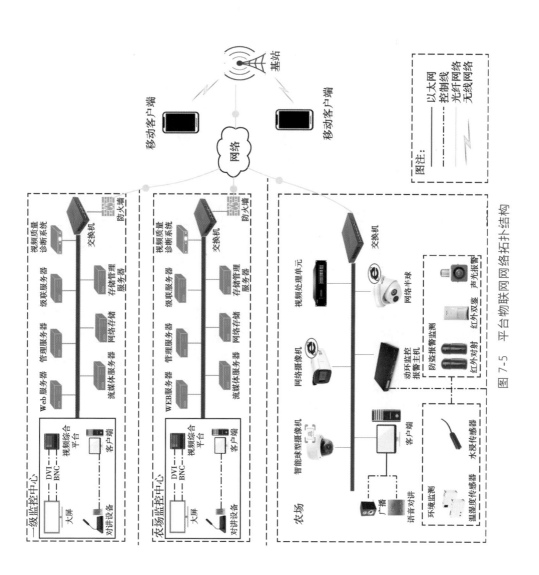

图 7-5 平台物联网网络拓扑结构

（1）网络设计原则

1）开放性原则：采用开放的网络体系以方便网络的升级和扩展，需符合国际标准大范围部署动态路由器（Router）协议等，实现与数据库资源、网络金融服务等其他网络之间的连接曲线，以及未来网络的扩展。

2）可扩展性原则：网络要能满足用户当前需求以及将来需求的增长，适应新技术发展等变化。因此，在保护原有投资的同时，还需保证用户数的增加，以及用户随时随地增加设备、增加网络功能等。

3）先进性和实用性原则：网络系统规划与设计要充分保证网络的先进性与实用性相结合，以更好地解决用户的实际问题，因此在设计前要认真做好需求分析，规划要切合实际。首先应能满足用户的业务需求，然后在可预见的范围内，使系统投资尽可能合理。在建立该网络时，应考虑利用并保护现有资源，最大限度地提高设备效益。采用树型设计，能使系统配置更加灵活。

4）安全和可靠性原则：网络作为信息系统应用的依托和基础，必须保证系统的持续安全运行。因此，在系统架构设计中，要选择一个非常可靠的网络产品，合理设计网络架构，尽可能使用成熟的技术，另外服务器应具有独立磁盘功能，使管理、维护更方便，提高安全性。在网络的设计、选型、安装、调试等各环节应进行统一规划和分析，确保系统运行可靠，并为网络的关键部分建立可靠的备份策略。通过虚拟局域网与防火墙控制内部网络和外部网络之间的访问，以确保网络安全。

5）可维护性原则：网络应能正常运行，满足客户的需求，让客户能够正常地使用网络和工作。网络系统是融合各种技术于一体的应用，本身就具有一定的复杂性。而系统的管理和维护工作除网络系统外，还包括业务系统。业务系统往往也较为复杂，除了要进行功能和性能的维护外，还要进行设备本身的维护。这就要求有一个强大的网络管理系统配合业务系统同时工作，这样才能带来良好的用户体验和服务质量。进行网络建设时应采用智能化、可管理的设备，同时采用先进的网络管理系统，对整个网络实行分布式管理，通过良好的管理策略、管理工具，提高网络系统的运维效率，降低使用成本和复杂度。

（2）**拓扑架构图**：根据系统网络建设方案，在网络层面上，采用分布式的部署方式；根据国家药品监督管理局的要求，主要采用三层的千兆以太网络结构。在网络架构图（图7-6）中，可以看到整个网络拓扑结构图采用核心交换机和二级交换机进行布局，二级交换机与三级交换机构成了一套复杂的工作组网，通过整个网络结构实现了种植溯源系统的管控性和安全性。当前整个应用结构采用了网络架构，网络架构能够将网络信息管理中心的各个终端设备和病毒信息进行阻隔，有效地控制入侵检测信息。凉粉草种植溯源系统网络具备地域广阔、应用业务复杂等特点。

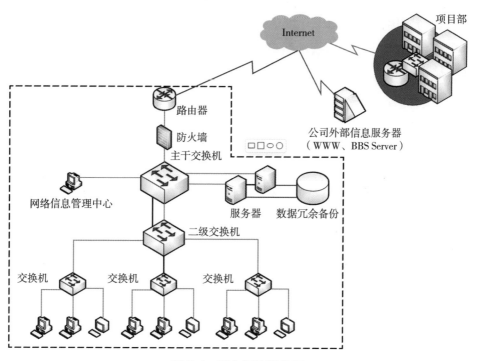

图7-6　平台拓扑架构图

在网络建设初期，需要考虑以后的系统扩建和应对各类网络攻击，因此网络结构上采用三层结构模式来实现。系统根据网络划分为三层，分别是核心层、汇聚层和接入层。

1）核心层：核心层位于网络的中心段，主要负责信息的传输、信息检测和入侵检测，实现数据信息的互联。城域网的扩建构建起了整个庞大的网络体系结构,具备安全性和稳定性。在拓扑结构上采用树形网状结构来进行连接。

2)汇聚层:网络汇聚了多个核心功能,这些设备的种类和作用影响了整个网络结构。通过扩大核心层的业务功能范围以收集各类基本信息;通过汇聚层以实现网络设备和防火墙等设备的统一管理和流量控制,更重要的是,利用这种多层结构式设备实现了分级管控操作。

3)接入层:接入层是用户和系统的起始点,通过接入层来进行系统功能和网络结构的拓展和实施,将不同地区的局域网接入到互联网下,完成网络的整体化管控,这种方式一般采用星形的结构来连接。

(3)**网络的逻辑设计**:网络的逻辑设计主要包括网络拓扑结构、分配网络地址和 IP 地址命名、网络安全访问控制和风险管理策略、网络性能等设计。

1)网络拓扑结构设计:主要是确定网络所有的节点用什么方式相互连接,指定网络的规模和范围,以及所需的网络设备。良好的拓扑结构是网络稳定、可靠运行的基础,不同的拓扑结构会有不一样的网络性能。

一个子网计划主要通过虚拟机局域网和物联网连接来实现。虚拟局域网基于交换虚拟局域网技术,区分子网的办法有很多,在交换虚拟局域网中,一般都是使用虚拟局域网的方法来区分子网。计算机网络的各个组成部分通过物理连接形成连接关系。与此同时,有很多划分分子网络策略,最常用的是根据部门和任务进行划分。

2)网络地址分配和 IP 地址命名:在网络地址分配方案中,一般采用分层方式对网络地址进行分配,并使用一些有意义的编号,以改进其可伸缩性和可用性。同时也可以对多种网络资源进行命名,简短而有意义的名字可以简化网络管理,增强网络的性能和可用性。

3)网络安全访问控制和风险管理策略:主要包括以网络信息安全需求分析、网络安全管理策略的决心、安全策略的制定和实施、安全测试。

4)网络性能:指响应时间、延迟时间和等待时间。CPU 使用率在 0~75%之间变化是属于正常的,如长期在 90% 以上则需要升级服务器;网络带宽流量(100Mb/s)的宽带速率是 12.5MB/s;容量和吞吐量为 4~10MB/s。此外,网络性能还包括可用性、可靠性、恢复性冗余、适应性和可扩展性。

网络性能设计的目标是使网络系统满足用户应用各方面的要求。在实际设计中,需要了解网络技术,根据应用数据流的特点设计性能监测和优化机制,尽量避免网络性能瓶颈。在网络运行过程中,监测关键站点和线路活动非常重要,应能保持一定的服务质量,对网络可用性和流量管理进行检查;应收集活动统计数据,对网络性能进行分析和评价;还应根据网络性能对网络参数进行调整,以获得最佳网络性能。

（4）网络的物理设计:网络物理设计是网络基本组成部分,分为终端站点和中继站点。终端站点指访问端点、服务器、终端系统等。在终端现场上有许多可用的媒体访问控制与交换技术,每种技术都有其自身特点。以太网将是未来终端站点中最常见的分组网络模式。通信设备站是指提供网络连接和用户数据传输的通信装置,包含传输器、交换机、通信接口、开关、网关、接入服务器,与网络模型的物理层、数据链路层、网络层相关联。本地网络的中继站可以采用与终端站相同的媒体接入技术或交换技术。

广域网是一种短带宽,其接入的带宽通常比局域网小。接入网络必须为大量用户提供接入服务和信息,还应解决远程数据传输问题。在提高广域网接入带宽的同时,也要注意蜂窝数据的内部设计,设计应能限制广播领域,降低应用进行数据缓存,并减少重复相同的数据传输。为了实现对数据的管理和调度,有效地利用广域网现有接入带宽,需要对数据流的时间与方向进行合理化调整。

（四）数据库设计

基于系统的流程操作和业务分析,中药材种植信息溯源系统分为田间管理、种植管理、采收管理、加工管理、检验管理、环境监测管理、系统管理等几个功能模块,这些功能模块可以帮助用户实现信息管理、数据采集和科学种植,如图 7-7 所示。

数据库的设计是信息管理系统建设的重要组成部分,也是信息管理的基础。数据库设计对表结构、字段进行描述。在数据库的设计过程中,必须考虑系统的稳定性和完整性,在保证数据库设计的便利同时,应满足数据集合量和数据冗余的情况,减少不正当的插入更新和删除操作。

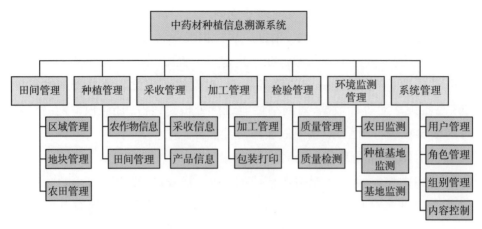

图 7-7　中药材种植信息溯源系统

（1）**数据库总体设计**：数据库是整个系统的关键，数据库的构建是否科学、合理，直接关系着整个系统的应用价值。根据系统总体设计目标，系统数据库分为属性数据库和空间数据库。

属性数据库存储企业中药材种植中的生产数据和管理数据，包括农户数据、地块信息数据、土壤数据、订单数据、种苗数据、作业数据、生长评价数据、农资数据、植保数据、天气数据、问题反馈数据、采收数据、加工数据、检验数据、系统用户数据、系统管理数据等。

空间数据库存储各药材种植基地的地理分布情况及地块情况，通过GIS 系统的表现形式提供图形化（电子地图）的、可视化的管理手段，包括卫星影像数据、无人机影像数据、路网数据、水系数据、行政区划数据、地块数据、基础地理数据等。

空间属性数据是图形数据的必要补充，是以字符串或统计数值形式表示的每个空间对象的合理属性信息。

（2）**数据库备份设计**

备份系统：解决系统硬件、网络故障、机房停电、火灾、地震等自然或人为灾害。

随着社会信息技术的发展，人们对计算机信息系统处理能力提出了更高的要求，计算机网络系统中重要数据的存储量需求也在增加。以往的存储结构和手动备份已不能满足现在系统数据的存储能力，因此，为了能拥有

高存储的系统,人们在现有的条件下对存储系统和备份系统进行升级改造。一个好的备份系统需要遵循以下原则:

1)可靠性:因为数据是多维度、高冗余的,因此要考虑在数据发生丢失时,备份系统是否能迅速、高效地恢复丢失的事故数据。

2)兼容性:设计数据库时,要充分考虑现在的计算机网络环境的复杂性和各操作平台的多样性,能否支持不同的应用环境、满足不同业务要求的选择,要确保所选的备份软件支持多种应用程序。

3)自动化:为了防止重要数据丢失或因计算机问题导致的数据丢失,有必要定期对多台计算机进行自动备份和同步。自动备份时应采取相应的措施,如日志记录,当发生异常时将自动发出消息提醒。

4)高性能:在性能方面,要充分考虑数据库备份的速度,提高数据备份性能。

5)易管理:功能上要直观快捷,界面要简洁友好,操作上要方便用户日常快速使用。

6)实时性:数据库设计应能满足在企业有重要而紧迫的任务时可以24h不停地执行自动备份及同步。执行备份时,会实时显示文件大小,并执行事务跟踪,以确保系统中的全部文件都得到正确的备份。数据库备份结构图如图7-8所示。

(3)**数据库建模**:运用专业数据库设计工具创建数据库概念数据模型,把现实的信息整理简化为实体与实体之间的联系。模型设计首先要从全局出发设计出各个实体之间的关系;然后,在此基础上对各个实体所用信息进行细化。

人员角色权限数据库模型:主要包括用户角色关联表、用户信息表、部门表、角色信息表、角色权限表以及资源菜单表等,如图7-9所示。

(4)**数据表设计**

1)种植地址表:主要包括地址编号、名称、区域编号等字段,如表7-1所示。

2)农田信息表:主要包括地址编号、名称、区域编号、面积、纬度、经度、海拔、气候类型编号、土壤类型编号、使用状态编号、责任人、状态、照片、备注1、备注2、排序名等字段,如表7-2所示。

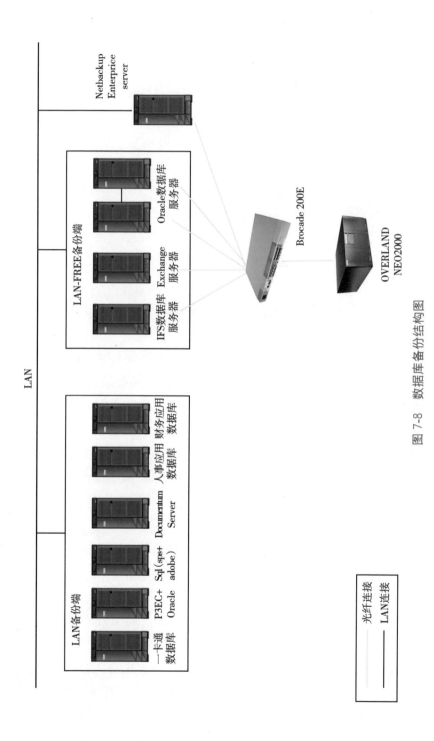

图 7-8　数据库备份结构图

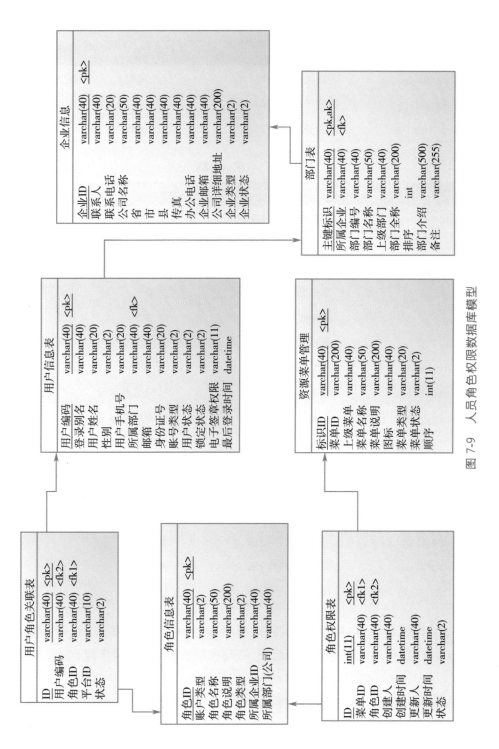

图 7-9　人员角色权限数据库模型

表 7-1　种植地址表

字段名	字段类型	字段说明
addressId	可变长度字符串	地址编号
villageName	可变长度字符串	名称
areaNumber	可变长度字符串	区域编号

表 7-2　农田信息表

字段名	字段类型	字段说明
addressId	可变长度字符串	地址编号
villageName	可变长度字符串	名称
areaNumber	可变长度字符串	区域编号
area	浮点型	面积
lon	高精度数字	经度
lat	高精度数字	纬度
Altitude	可变长度字符串	海拔
climateTypeId	可变长度字符串	气候类型编号
soildTypeId	可变长度字符串	土壤类型编号
statusTypeId	可变长度字符串	使用状态编号
owner	可变长度字符串	责任人
status	整型	状态
pic	可变长度字符串	照片
remark1	可变长度字符串	备注 1
remark2	可变长度字符串	备注 2
orderName	整型	排序名

　　3）种植模板 GAP 表：主要包括药材编号、GAP 方法编号、GAP 模板 GUID、日期、创建人编号、是否无效、修改次数、生效日期等字段，如表 7-3 所示。

　　4）种植计划表：主要包括种植计划编号、药材编号、计划种植面积、预计产量、计划年份、预计采收年份等字段，如表 7-4 所示。

表 7-3 种植模板 GAP 表

字段名	字段类型	字段说明
herbId	varchar（50）	药材编号
methodNumber	varchar（50）	GAP 方法编号
templateGUID	varchar（50）	GAP 模板 GUID
date	datetime	日期
createrId	decimal（40）	创建人编号
isDeteled	varchar（2）	是否无效
modifyCount	varchar（50）	修改次数
EffectveDate	datetime	生效日期

表 7-4 种植计划表

字段名	字段类型	字段说明
plantingPlanId	varchar（50）	种植计划编号
herbId	varchar（50）	药材编号
area	decimal（10）	计划种植面积
amotmt	datetime	预计产量
createrId	date	计划年份
harvest_time	date	预计采收年份

5）种植任务表：主要包括种植计划编号、种植方法编号、种植任务GUID、日期、创建人编号、修改次数、状态等字段，如表 7-5 所示。

表 7-5 种植任务表

字段名	字段类型	字段说明
plantingPlanId	varchar（50）	种植计划编号
plantingMethodId	varchar（50）	种植方法编号
plantingTaskGUID	varchar（50）	种植任务 GUID
date	datetime	日期
createrId	decimal（40）	创建人编号
modifyCount	varchar（50）	修改次数
status	varchar（2）	状态

6）种植数据表：主要包括任务 GUID、农田编号、SOAP 数据类型编号、日期、具体值、状态、提交人、提交时间、审核、审核时间、审核备注、审核状态等字段，如表 7-6 所示。

表 7-6　种植数据表

字段名	字段类型	字段说明
taskGUID	varchar（50）	任务 GUID
farmId	varchar（50）	农田编号
dataTypeNumber	varchar（50）	SOAP 数据类型编号
date	datetime	日期
value	varchar（20）	具体值
status	varchar（2）	状态
submitter	varchar（20）	提交人
submissionTime	date	提交时间
checker	varchar（20）	审核
checkDate	date	审核时间
checkRemark	varchar（200）	审核备注
checkStatus	varchar（2）	审核状态

五、总体功能

1. 统一权限管理平台

通过建立有效管理要求，中药材种植溯源系统各部门依托开放数据共享平台信息资源，统筹各类大数据应用，建设统一的应用支持平台，规范用户管理、应用管理和核心组件（如权限管理），对接入系统进行有效管理，实现统一认证、统一登录、统一消息服务。

（1）**登录管理**：平台提供管理员角色、组织和用户可访问的资源。登录管理模块包含系统驱动、注册登录、账户注销等。注册用户通过填写用户名和密码登录系统，系统将根据用户的权限进行验证并提供相应的功能。登录界面如图 7-10 所示。

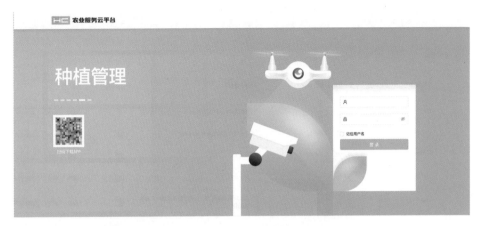

图 7-10　登录界面

（2）部门管理：管理公司部门信息，支持添加部门信息，修改部门信息，删除部门信息和设置用户账号状态，如图 7-11 所示。

	部门名称	部门简称	部门说明	操作
	生产部	生产部	生产部又称制造部，是以产品生产为主要工作的部门。	编辑 删除
	技术部	技术部	—	编辑 删除
	财务部	财务部	—	编辑 删除
	行政部	行政部	—	编辑 删除
	科学技术部	科技部	—	编辑 删除
	人事部	人事部	资源（即把人作为资源）进行管理的部门。	编辑 删除
	产品部	产品部	—	编辑 删除

图 7-11　部门管理界面

（3）账号管理：提供一种有效开户方式，通过任命管理员对账号进行添加、更改、删除，管理用户的基本信息、组织信息、角色权限等，忘记密码时，管理人员可以通过系统重置密码，如图 7-12 所示。

（4）用户详情信息：填写姓名、所属部门、银行卡号、电子邮箱、性别、身份证号、职务等信息，亦可以根据这些信息检索对应的部门人员，如图 7-13 所示。

图 7-12　账号管理

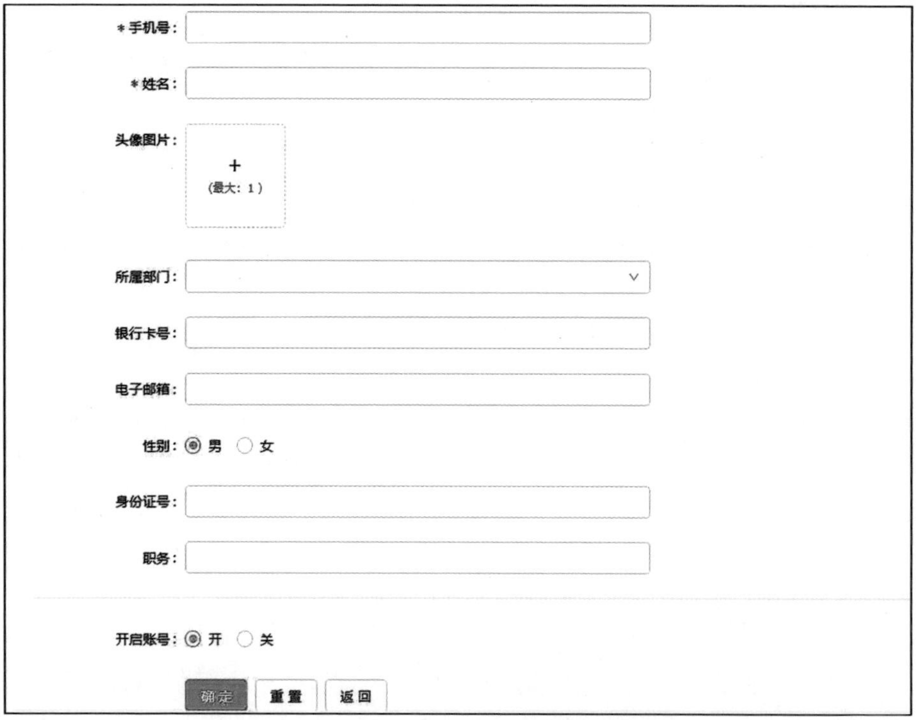

图 7-13　用户详情信息

（5）**单点登录**：基于身份认证服务，实现单点登录（SSO）功能。平台通过单点登录技术集成多个访问系统，因此，一个认证可以被多个接入系统识别，避免了重复认证。单点登录应做好服务接口，保证各系统单点注册集成接口的统一性，限制应用系统单点注册访问的实现。（第三方）应用通过平台的身份认证组件实现 SSO，当 SSO 以 JDBC（Java Data Base Connectivity，java 数据库连接）的方式调用平台的用户服务时，首先需要订阅服务，调用授权由 Oauth2（开放授权）执行，如图 7-14 所示。

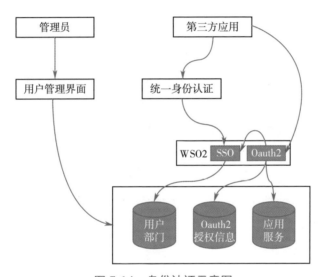

图 7-14　身份认证示意图

2. 数据交换平台

（1）**数据交换引擎**：系统定义数据流转和交换方式，解决系统与系统之间的数据传输和数据交换问题。数据传输与交换，可以实现信息节点与节点间的安全传递服务。不管是不同应用之间的信息传输，还是平台外建立的分布式独立系统，都可以通过数据传输模块实现与平台上的系统信息交换。它是连接到不同机器应用程序的基础设施，在企业环境中可以异步生成、发送和接收信息。在统一的数据传输模块上，可以定制各种信息格式，选择不同的信息通信类型、信息发送模型，还可以拓展系统功能以满足当前的需求，从而实现不同应用系统之间的互联互通、信息的共享和数据统一传输。

（2）**数据交换**：随着信息系统的增加，各自孤立平台包括办公系统与业务系统，会造成大量的冗余数据和业务人员的重复劳动，需通过建立底层数据集成平台来联系横贯整个企业的异构系统、应用、数据源等。企业内部的各类系统和数据库存在大量异构系统和异构数据，它们之间的互联、数据共享和交换、信息传播、信息交换流定制如何进行，已成为亟待解决的问题。

数据交换可以解决数据孤岛问题，更好地满足实际工作需求，将不同应用系统数据转换为统一的标准格式：统一数据库接口、统一字段值、统一数据格式等；可满足在多个应用系统混杂的环境中的数据迁移、交换、汇集、处理等需求，内置多种交换组件，容纳多种多样数据格式，提供丰富数据处理与交换任务，实现数据交换和共享、信息传播和信息交换流定制。

（3）**数据转换和解析**：数据转换是将数据从一种格式或结构转换为另一种格式或结构的过程，其主要目的是将数据转换为可用格式。数据解析是将一串数据转换为不同类型数据的方法，以原始 HTML 格式接收数据，通过数据解析将获取 HTML 并转换为可读性更强的数据格式，如 JSON 格式、CSV 格式或表格。

数据转换与解析具有两方面的功能：

1）将非标准格式数据转换成标准格式数据。以半结构化信息所定义的标准格式数据结构为主体对来自外部数据源的数据内容进行预处理，使其形成标准格式数据结构的数据结构。

2）将标准格式数据解析成非标准格式数据。标准格式数据转换为非标准格式数据主要是为了原始数据修改和编辑后的数据导入。

（4）**数据接收**：数据接收模块的主要功能是负责接收客户端数据包和外部平台数据包，是数据包进行数据流转的入口点。此模块对内提供 API 供流程引擎调用；对外采用消息驱动的方式对数据队列进行排队处理。

（5）**数据处理**：数据处理模块的主要功能是对接收的数据实体进行处理，包括提取数据属性、数据流转信息、数据内容、附件信息（若有），保存数据属性、内容及附件信息。

（6）**数据发送**：①系统根据数据包的流向信息，查找对应数据发送引擎，并将数据包传给数据发送引擎；②数据发送引擎负责将数据传到目的节点。数据发送引擎的实现机制可以是 Java 消息服务，也可以采用实现了 Java 消息服务（Java message service）应用程序接口的 MQSeries。

（7）**数据操作**：数据操作模块的功能如下。

1）提取数据信息并对信息进行分类。

2）组织 XML 数据内容信息，包括数据内容描述符、数据操作模板和数据内容。

3）对数据库进行数据保存、插入、删除、更新、查询等操作。

（8）**压缩、加密**：根据数据的重要程度对 XML 数据进行压缩和加密。

1）数据压缩：将数据转化成标准格式的数据必然会增加数据的冗余，因此，在数据传输之前对数据进行压缩处理更便于传输。

2）数据加密：为了防止数据在传输过程被侵犯者截获，发生机密信息丢失的情况，必须对数据进行加密，以确保用户的隐私不受损害。凉粉草种植溯源系统使用 MQ 的加密功能对数据进行加密。

3. **智能检索和分析平台**

内容管理是基于 Web 的管理工具，智能检索和分析平台集成了数据资源采集、文档管理、内容检索管理和个性化信息服务，可以为网站中的所有内容提供内容管理和数字化服务，实现与其他网络平台的互动，还可实现企业内部各种结构化和非结构化信息资源的全面整合和有效管理，从而满足用户的不同需求，是一个可以为用户提供强大的信息资源收集、查阅、采集和管理服务的平台。

（1）**信息采集**：通过系统对接接口，可以搜索互联网范围内的国家标准信息，并根据指定网站抓取，自动获取网站列表；支持指定站点列表进行搜索，可以控制网页抓取的层次和抓取关键词等；支持动态监控和实时更新，可定期自动跟踪页面资源的变化，自动识别、处理新页面，从而随时查看搜索结果；支持设置自动搜索开始时间和重复搜索的时间间隔，可用于同时抓取多个站点；将采集结果保存到数据库，也可以保存在本地磁盘文件系统中。

（2）**关系数据连接**：对于以往信息系统中依托关系数据库存储的大量

内容资源,若需建立内容管理(结构化数据),可在全文库中直接建立索引支持;若需实现信息的详细浏览及发布,可调用原有系统中的浏览页面。以上两点策略一方面降低了数据在网上的传输量和对关系数据库的访问量,降低了系统负载,提高了系统效率;一方面保证了结构化权限机制和原有权限机制的一致性以及系统之间信息的一致性。这种采用文档数据库 + 关系数据库的资源管理模式,可以充分发挥文档数据库与关系数据库各自的优势,符合当今技术的发展趋势。

（3）**内容管理及审核**：可实现基于 Web 的单独记录联机数据的采集和生产;实现基于客户机程序的脱机数据采集和基于 XML 交换接口的批量数据的下载和采集;实现基于智能代理的指定网站或指定专题内容的批量数据采集;实现信息计算机辅助的自动初步分类和标引及人工干预的批量分类和标引;实现信息的单独记录审核和批量审核;实现基于标准数据服务接口的其他交换信息的自动数据转换和加载;实现对信息生产日志的记载,并可结合生产考核管理系统实现对生产人员工作量和工作质量的统计分析;实现信息生产中各种角色的定制和信息生产权限管理。

（4）**资源发布及检索服务**：通过资源加工系统可产生数字资源,这些资源能够应用于内联网络到外部发布网络中的发布系统中。发布系统包括 WWW 服务器、全文检索服务器和文件服务器等。用户访问 WWW 服务器,通过权限认证后,就可以检索和浏览相应的资源。资源比较多时,可以设立多个 WWW 服务器形成服务网络,达到统一入口、分布实现、资源共享的目的。

4. 数据日志与安全支撑平台

（1）**日志数据中心**：日志数据中心记录了所有数据通过共享服务中心的处理情况,可实现对共享平台的管理维护,同时提供了数据传递过程中的传输认证和不可抵赖性认证的真实记录。

系统管理员可以对日志 / 事件进行定期备份和清除。系统日志 / 事件以系统日志 / 事件消息的形式在共享平台中传递,是系统消息中的一种,由核心传输子系统中的日志 / 事件消息处理器进行处理。中心数据日志、设计、消息处理流程如图 7-15 所示。

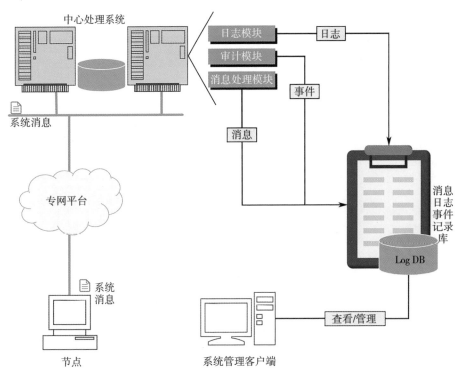

图 7-15　中心数据日志、设计、消息处理示意图

（2）**安全支撑平台**：该平台设计了四层安全体系结构,包括业务应用层、应用安全支撑层、统一信任基础设施层、网络基础设置层。此外,还设计了一个专用接口,用于调用非项目身份认证和安全系统。在社会公共信息安全体系中,系统采用独立于安全保障体系的方式,由独立的安全保障层进行身份验证等安全有关的操作,以降低数据耦合性,提高数据的可靠性和安全的可管理性。信息系统安全分层模型如图 7-16 所示。

1）业务应用层：在安全支撑平台的基础上,运行各种与政务、办公、业务相关的应用系统,如安全办公系统、业务系统、公众服务系统等。

2）应用安全支撑层：作为连接实际应用系统与 PKI 安全基础设施的纽带,在统一信任安全基础设施的基础上,以中间件和基于组件的服务形式屏

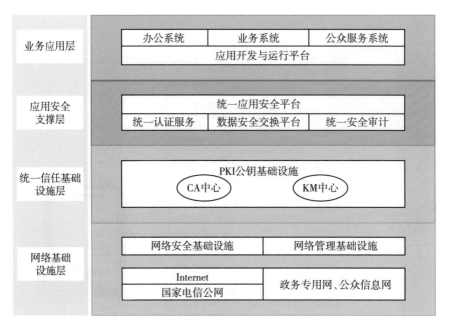

图 7-16　信息系统安全分层模型

蔽底层基础设施中各种安全技术的复杂性,提供通用、灵活、高性能的安全计算平台,完成统一实名认证、数据安全交换、安全检查等功能,确保应用系统正常运行。

3)统一信任基础设施层:包括公钥基础设施(PKI)和可信时间戳服务系统,以便捷而灵活的方式完成平台建设需要的安全服务功能,包括数据机密性、完整性,身份认证、行为不可抵赖、有效授权等[49]。

4)网络基础设施层:是平台的终极信息载体,位于整个层次架构的底层,提供安全可靠的网络环境。

5. 种植溯源管理后台

种植溯源管理后台利用多种网络技术、条形码识别技术,通过传感器、监控设备和物联网自动采集环境因素和视频信息等,建立了一套以"溯源"为核心的中药材生产基地管理和全过程质量控制体系,对种植、采摘、加工、销售过程进程全程记录并进行分析。种植溯源管理后台组成模块如图 7-17 所示。

图 7-17　中药材溯源管理后台

（1）**登录**：注册成功的用户，在登录界面上输入手机号和密码，就可以访问系统，如图 7-18 所示。

图 7-18　Web 端登录界面

（2）**地图展示**：平台加载的无人机正射影像图（通过无人机的航行摄影和数据处理得到），可直观显示基地基础信息、基地地块地理位置等信息，如图 7-19 所示。地图按图进行管理的，可实现图层加载和关闭控制。

（3）**溯源数据**：溯源数据管理包括育苗批次、种植批次、加工入库、产品出库、库存查看、溯源码管理，如图 7-20 所示。

育苗批次显示批次号、育苗批次信息、育苗观测记录表、种植批次显示批次号、种植批次信息、种植记录表、田间管理记录表、采收记录表等。加工

图 7-19 地图展示界面

图 7-20　种植溯源列表

入库显示入库登记信息,支持后台新增加工入库信息、导出加工入库表格、删除信息、查询等。产品出库显示出库登记信息,支持后台新增出库信息、导出产品出库信息、删除信息、查询等。库存查看显示物资有哪些、入库和出库量、规格、物资仓库。

溯源码管理显示溯源批次、基本信息、育苗批次、种植批次、入库批次、出库批次,支持新增溯源码。其中基本信息包括产品名称、种植企业、种植基地、种植面积、种植环境分布表,如图 7-21 所示。

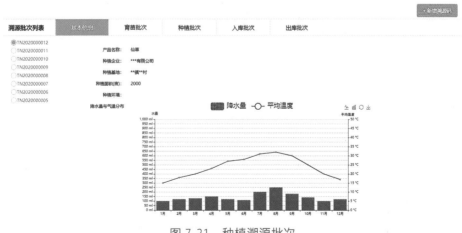

图 7-21　种植溯源批次

（4）种植信息管理：公司生产部门选择药材品种、种植日期（同一品种、种植日期相差不超过 2 月、采收日期不超过 1 月为同一批次）生成产品溯源批次，并制定种植信息提取规则，自动提取该批次产品的种植信息，对某些敏感种植信息可进行适当调整避免消费者误解，最后生成预览信息，确认无误后将种植信息发布出去供客户或消费者查看。

（5）加工信息管理：系统需记录加工单位／人员信息、加工时间、加工量、批次（按打包时间）、原料信息、仓储信息等。按批次记录加工信息，加工批次和采收批次不一定对应。主要功能有新增、查询、删除、导出等显示加工入库的信息管理。如图 7-22 所示。

图 7-22　加工信息管理

（6）产品信息管理：对生产过程中的关键控制点进行自动、准确、批量的信息采集，并自动生成电子底账，建立了安全生产文件。凉粉草种植溯源系统可以实现产品质量的品质检查管理、凉粉草产品检查管理、产地环境检查、产品的质量认证等。最后，系统可以构建追溯管理文件，对产品的批次、种类、追溯代码、查询次数等进行管理。

消费者通过手机上扫二维码可以查看产品信息的商品名称、商品编号、价格、净含量、原料、出品企业、生产企业、产品标准、生产许可证号码、储存条件、保质期等。

（7）田间管理记录：包括田间管理信息、种植信息、施肥信息、除草信息、病虫害信息、采收信息、初加工信息等。

（8）仓储管理：在中药材流通中，贮藏无疑是重要的环节。它不仅控制着入库药品的质量，也决定着出库药品的质量。

平台按照中药材标准化仓库管理要求，对入库和出库按批次进行关联，每批次有对应的标签和批次号，入库批次包含了中药材来源信息，出库批次记录了关联的入库批次和药材去向信息，入库批次存放位置也实现了网格化标签管理。仓库环境温度和湿度通过传感器自动记录形成报表。

（9）**溯源码管理**：溯源码管理分为二维码生成和二维码解码两个子模块。管理员通过二维码生成将产品信息、物流信息和追溯编号封装进生成的二维码中，方便用户获取信息。

消费者通过手机扫描防伪溯源后，通过二维码识别，使产品的来源可查、去向可追，显示关联该产品的产地、种植、加工、仓储、检测等各项信息溯源档案。如图 7-23 所示。

育苗批次	育苗区域	育苗品种	育苗时间段	育苗批次二维码	记录人	操作
GB200040	育苗A区	仙草	2020-03-01-2020-03-25		陈**	修改

图 7-23 溯源码管理

（10）**基础数据管理**：基础数据管理包括仓库管理、种植作物管理、药材产品管理、投入品管理、农技课堂管理、采购商管理、专家管理等的增删改查功能。

仓库管理显示仓库名称、仓库管理员、创建时间，支持导入导出、新增修改删除查询等操作。种植作物管理显示作物名称、作物介绍、作物图片，支持导入导出、新增修改删除查询等操作。药材产品管理显示药材名称、包装规格、产品规格、照片，支持导入导出、新增修改删除查询等操作。投入品管理显示投入品名称、生产商、商标、有效成分含量、登记证号、包装规格、照片，支持导入导出、新增修改删除查询等操作。农技课堂管理主要包含农技课堂的标题、创作时间、创作者、作物、类型、文件格式等。采购商管理主要包含采购商的联系人名称、联系电话、采购商名称等。专家管理主要是中药材的专家信息管理。基础数据管理界面如图 7-24所示。

（11）**系统管理信息**：主要对管理部门人员信息进行添加和删除更改检查操作，当用户忘记口令时，管理人员可以重置口令，帮助用户检索口令。在添加或删除人员时，系统会显示相应的添加或删除人员。在添加人员时，系统会统一设置默认的初始密码，用户在使用过程中可以修改密码。在人员管理中，维护人员信息需要与其他信息系统同步姓名、ID、人员职务等。

图 7-24   基础数据管理

1）账号管理：当用户密码忘记时，管理员根据用户提供的账号进行重置密码。当有新用户时，可新增账号。账号管理包括新增、修改、删除、重置密码、账号启用状态等操作。

2）角色管理：该模块主要由系统管理员操作使用。系统提供组织架构管理、用户管理、账号管理、权限管理、操作日志等。其中角色管理支持新增、修改、删除、查找等操作。

3）组织架构：组织架构是管理企业总部、旗下子公司的部门设置结构依据。

4）操作日志：系统管理员通过显示系统的操作日志，掌握系统运行状态，及时发现系统存在的故障，并及时解决故障。

操作日志是共享平台中心服务及各个节点的运行状况的详细记录，通过操作日志可以清晰地分析系统的详细操作步骤，并找出系统发生的异常或者故障，便于系统管理员尽早排除故障。数据共享的操作日志不仅包含系统核心系统交换和路由转发日志，同时也包含节点的消息接收、签收、登录、消息提醒、连接器的工作情况等日志，是整个系统的集中的日志中心。

操作日志查看管理工具是提供给系统管理员对系统的日志进行分类查询检索、管理分析的工具。系统管理员可以定期地备份和清除日志。

图 7-25   修改密码

（12）修改密码：系统通常将用户在初次注册时使用的密码作为默认密码。用户可以在登录系统时更改默认的密码。在更改密码前，用户先输入原始密码，再输入两次匹配的新密码即可更改，如图 7-25 所示。

6. 种植溯源移动端

生产、种植、收获和初加工数据由部门管理人员在移动端进行记录。农户或种植管理员在完成施肥、除草砍草、田间清理等工作后,采集生产、种植数据,并将农资用量、劳动力数量等信息录入系统。工厂工作人员进行初加工,收到待加工产品后,扫描待加工二维码,将需处理的工序数量和图像录入系统。

（1）**登录**:输入手机号和密码,进入中药材种植溯源系统 APP,登录界面如图 7-26 所示。

（2）**育苗出圃管理**:管理员通过 APP 记录并管理每天的育苗/出圃信息。育苗/出圃包括新增批次、育苗观测、出圃记录,上传照片管理记录和记录多种药材种植作物的情况信息。

育苗批次包括记录育苗区域、育苗品种、育苗时段、土地类型、轮作情况、整地信息、照片。育苗观测包括记录观测时间、株高、叶片数、围径等。出圃记录包括出圃日

图 7-26　APP 登录界面

期、出圃点、种植点、出圃数量、苗木等级、苗木情况、苗木照片、出圃凭证等。

（3）**种植区域管理**:依据各种草药作物生长的特点,制定标准化的种植规程,基地技术员在关键时间节点发送作业任务到种植户端,作业内容包括时间、目的、物资使用、实施要求和配套的多媒体教程。农户在接收到作业任务后,严格按照任务要求进行实施,并反馈实施情况到基地技术人员,从而保证种植的各个关键环节落实到位,发现问题及时纠正。

种植区域管理包括种植批次、田间管理、种植记录、采收记录和显示详情记录等。种植批次主要记录种植作物、种植时段。田间管理主要记录作业日期、作业类型、作业目的、作业区域、物资使用情况、作业规范、照片。种植记录主要记录种植日期、种苗来源、育苗批次、种植信息、土地类型、轮作情况、整地情况、物资使用情况。采收主要记录种植的批次、采收时间、采收地点、采收区域的采收量、平均亩产、晾晒情况等。图 7-27、图 7-28 所示为种植区域列表及详情界面。

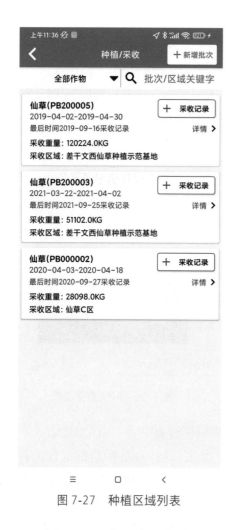

图 7-27　种植区域列表　　　　图 7-28　种植区域详情

（4）**加工入库**：包括记录入库仓库、入库时间、入库产品、产品规格、加工单位、单位名称、原料来源、原料信息、入库重量、件数、磅单号、存放仓位、照片等信息。

（5）**出库记录**：主要记录出库时间、合同订单号、收货单位、出库仓库、出库信息、送货人信息、收货人信息、发货凭证和签收凭证等，可方便管理人员登记产品的出库信息，提高产品的出库正确率。

（6）**库存查看**：可以对中药材种植的物料库存进行全面的管理，也能直接反映企业各个仓库的产品库存情况。

（7）**基础信息管理**：基础信息管理涉及种植作物、药材产品、客户信息、送货人员的新增功能管理，其界面如图 7-29 所示。

图 7-29 基础信息管理

7. 消费者移动端

消费者通过手机微信扫描二维码查看产品的溯源信息，包括商品信息、物流信息和监管信息。其中商品信息主要包括商品名称、商品编号、价格、净含量、原料、出品企业、生产企业、产品标准、生产许可证号、贮存条件、保质期等；物流信息主要包括区块链查证、种植基地、原产地、装货港、运输方式等；监管信息主要包括质检单位、批准文号等。

8. 种植溯源可视化平台

利用 GIS 可视化技术，将凉粉草的品种、批次、作业、长势、问题反馈等可视化显示，并通过大数据统计直观显示各品种批次的完成进度、面积统计、预估产量等，同时结合查询工具，方便对具体信息进行查询展示，其界面如图 7-30 所示。

（1）**影像图加载**：加载互联网影像图，如谷歌地图、天地图等；加载无人机正射影像图。无人机的正射影像图通过无人机的航行摄影和数据处理得到，可以根据实际需要进行航拍，能更好地实时反映当前的种植情况，如图 7-31 所示。

（2）**地块加载**：加载中药材种植的地块地图，可直观反映中药材的种植范围，如图 7-32 所示。

（3）**720° 全景展示**：在无人机航拍数据采集的基础上，在可视化平台上全面展示 720° 的视图。用鼠标左键拖拽，可看到栽培基地各个方向的真实场景，如图 7-33 所示。

图 7-30 种植溯源可视化平台

图 7-31　无人机影像加载

图 7-32 地块加载

图7-33 720° 全景展示

（4）**基地视频**：通过拍摄宣传片，对该基地在种植管理、加工技术、企业经营等三个方面的成果进行总结与展示。如图 7-34 所示。

寻得中国仙草之乡

图 7-34　基地视频界面展示

（5）**品种分布**：结合查询工具，可展示各品种以及同一品种不同批次凉粉草的种植分布，并提供汇总图表，有利于用户更详细地了解种植情况。

（6）**种植环境**：利用地理信息系统，结合查询工具，可在可视化平台上对气象、土壤、农田等信息进行全面的显示和分析。

（7）**属性查看及编辑**：通过点击电子地图上的地物、地块便可查看具体的种植信息，包括合作社农户信息、面积信息、种植品种、种植时间等，还可对属性数据进行编辑。

六、应用效果

中药材种植溯源平台可实现对中药材流通中的种植、采收、加工、运输和销售等各个环节的统一管理，并可通过信息管理模块对全流程进行信息收集和记录。当发现中药材的质量问题时,扫描二维码或条形码,即可实现追溯产地源头、监控流通过程、追踪存在风险的全功能。凉粉草的种植、采收、加工、运输和销售等过程通过该平台,实现了信息化管理,极大地提高了工作的效率和数据的完整性,节省了人力成本和生产成本。

1. 实现凉粉草全流程溯源

通过"一物一码"查询凉粉草全流程溯源信息,包括溯源信息、种植信息、加工信息、出入库信息等。

2. 实现物联网信息管理

通过应用物联网技术、无人机航拍数据采集技术以及地理信息技术,采集种植、加工、仓储等关键数据,建立以"溯源"为核心的中药材生产基地管理与全程质量控制体系,实现中药材质量可追溯。

3. 实现可视化监督管理

通过 GIS 可视化技术,将凉粉草的品种、批次、作业、长势、问题反馈等可视化显示,实现对基地全过程的监管。

4. 实现种植溯源可视化数据分析

采集种植溯源可视化数据、物联网设备数据,通过大数据中心进行分析并展示,实现随时掌握凉粉草全流程信息的动向,帮助管理者科学管理。

第 八 章

数字化南药溯源体系作用与展望

一、数字化南药溯源的作用

1. 保证药材的道地性

中医药事业和产业高质量发展必须遵循中医药发展规律,努力做到传承精华、守正创新。道地药材产自特定区域,品质与疗效较其他地区所产的同种药材更好,广泛种植道地药材将有力保障中药材质量。数字化南药溯源体系对建设道地药材生产基地提出的各项要求,从源头上把控了道地药材质量,保证了道地药材的优良品质。发展道地药材,建设道地药材生产基地,是将中医药经济资源优势转化为产业优势,可为经济发展方式转变作出贡献。

2. 保障中药材产品质量

南药质量提升需要标准引领,南药质量管理也要标准指导。企业运用现代信息技术建立数字化南药溯源体系,保证产地和地块选择、种子种苗选育、农药使用、采收期确定、产地初加工以及包装、储运等全过程关键环节可追溯;对南药质量有重大影响的关键环节实施重点管理,重视全过程细化管理,树立风险管控理念,可强化中药材规范种植,有力保障中药材质量安全和市场稳定。

3. 促进中药材种植高效便捷化

数字化南药溯源体系赋能助力中药材生产种植管理可帮助改善生长环境,提高生产效率,合理利用资源,降低生产成本。根据土壤肥力和作物生长状况的空间差异,以平衡地力、提高产量为目标,能够实施定位、定量的精准田间管理,更好地利用土地资源潜力,科学合理利用物资投入。更合理地制定农作物整体种植计划,对中药材种植进行精细化管理工作,对病虫害、自然灾害等进行有效预防与规避,能够使中药材种植的资源利用合理化、生产过程绿色化、产业循环高效化。

二、数字化南药溯源的展望

1. 种植溯源体系与产品溯源体系融合

数字化南药溯源体系需要用创新的思维,积极探索种植溯源体系与产品溯源体系的融合,探寻中药产业高质量发展之路。

种植溯源体系需要做好从源头种子到种苗质量、道地性生长自然环境条件、中药材品种、田间管理、肥料使用、病虫害生态防治、采收等生产全过程关键环节的质量控制。产品溯源体系是对中药材种植企业、中药材专业市场、中药饮片生产企业、中成药生产企业、医疗机构及零售药店等环节的关键信息进行电子化登记、管理和查询,建成中药材来源可追溯、去向可查证、责任可追究的中药材产品流通追溯链条。

种植溯源体系与产品溯源体系的融需要结合 GAP、GMP 和 GSP 等标准规范对整个产业链进行连接控制和统筹管理,利用"互联网 + 南药产业"形成数字化南药溯源管理体系,形成全新的行业质控标准,保证中药材的质量,促进第一、二、三产业深度融合,构建资源共享、合作共赢的生态圈,共同打造优质南药品牌,从而实现南药产业的可持续发展。

2. 加大对药企数字化转型的政策支持

南药溯源体系需要从国家层面出台中药材质量安全追溯法律法规,明确追溯对象、追溯信息、追溯环节、追溯主体、法律责任等相关内容,使南药质量安全追溯有法可依。同时协调好质量安全追溯监管部门的主体责任,实现既有部门、地区和企业的溯源系统的互联互通,形成分级负责、内部协调、对外统一的南药溯源体系。基于"互联网 +"应用建设高度开放、覆盖全国、共享共用、通查通识的南药溯源体系,规范编码标识、信息采集、平台运行、数据交换等关键技术标准。监管部门能够规划道地药材基地建设,引导资源要素向道地产区汇集,推进规模化、规范化种植,探索制定实施南药生产质量管理规范的激励政策。

3. 使中药材产业迈上高质量发展道路

南药产业需要坚持守正创新、传承发展,不断深入挖掘中药传统文化,促进植入标准化、品牌化、融合发展等现代要素,强化道地药材的地域品牌意识。南药产业需要完善科技创新与成果转化政策环境,不断提升中药创新能力和促进成果转化,加强南药源头控制并实现产地加工一体化,积极探索创新科技服务模式,延展创新服务链,提升南药信息化、智能化制造等方面的水平,促进南药产业高质量可持续发展。

致 谢

本书在撰写过程中得到了很多领导、同仁的支持和帮助，在此编者对他们致以由衷的感谢。感谢广东省现代南药产业技术体系创新团队对南药溯源系统的积极探索和实践积累，为本书的实用性、创新性奠定了良好的基础。感谢柏俊、刘军民、赵文光、陈立凯、李君桥等多位同仁以优秀的专业素养为本书的编写提供了很多宝贵的建议。最后，感谢所有心怀赤诚、执着求索的专家、学者和企业的支持和帮助，也希望能有更多的同仁与我们一道，为传承和弘扬中医药文化、推动南药溯源技术体系的蓬勃发展做出新的更大的贡献！

特别鸣谢以下项目基金的资助：

国家中医药管理局 2022 年中药质量保障项目（粤中医办函〔2021〕150 号）

广东省省级乡村振兴战略（农业科技创新及推广体系建设）专项—广东省现代南药产业技术体系创新团队（2020KJ148、2021KJ148、2022KJ148、2023KJ148）

广东省乡村振兴战略专项—"发展南药一村一品、一镇一业产业支撑"项目（粤农农函〔2020〕53 号）

广东省教育厅教育发展专项资金（高等教育"冲一流、补短板、强特色"）—国家一流本科专业"中药资源与开发"

詹若廷 柏 俊

2023 年 7 月

参考 文献

［1］严辛.广东南药的历史、现状和今后的展望［J］.中药材,1986（04）:
　　49-51,38.

［2］王宏,陈建南.给"南药"一个确定的概念［J］.中国医药导报,2009,
　　6（32）:56-57.

［3］曾建国,向维,刘浩,等.湘赣粤港澳联动重塑大南药品牌［J/OL］.中国现
　　代中药:1-12［2023-04-05］.DOI:10.13313/j.issn.1673-4890.20221102003.

［4］黄梅,庞玉新,杨全,等.道地南药 GAP 种植基地建设及产业现状分析
　　［J］.现代中药研究与实践,2014,28（05）:8-12.

［5］张文晋,曹也,张燕,等.中药材 GAP 基地建设现状及发展策略［J］.中国中
　　药杂志,2021,46（21）:5555-5559.

［6］《广东中药志》编辑委员会.广东中药志（第一卷）［M］.广州:广东科
　　技出版社,1996.

［7］詹若挺,刘军民,陈立凯,等.广东省中药资源区划及栽培类药材的生
　　产规划［J］.广州中医药大学学报,2021,38（06）:1298-1304.

［8］徐鸿华.30 种岭南中药材规范化种植（养殖）技术［M］.广州:广东科
　　技出版社,2011.

［9］詹若挺,刘军民,陈立凯,等.广东省南药生产发展现状调查［J］.广州
　　中医药大学学报,2020,37（09）:1836-1843.

［10］《广东种业》编委会.广东农作物种业［M］.广州:广东经济出版社,
　　　2022:499-529.

［11］陈蔚文,徐鸿华.岭南道地药材研究［M］广州:广东科技出版社,
　　　2007.

［12］郭洮羽.广东省岭南中药材遴选研究［D］.广州:广州中医药大学,
　　　2022.

［13］张华.农业标准化发展的经济意义［J］.经济研究导刊,2014（07）: 184-185.

［14］李鑫,刘光哲,蔡彬,等.标准、标准化与农业标准化的本质［J］.标准 科学,2016,No.502（03）:6-8.

［15］武晋花.良好农业规范（GAP）认证为建设新农村出力［J］.中国标 准化,2006（09）:61-64.

［16］樊红平,温少辉,丁保华.中国农产品质量安全认证现状与发展思考［J］. 农业环境与发展,2005（06）:23-26.

［17］郭媛媛.基于GS1编码技术的乳制品溯源系统研究［D］.哈尔滨:东 北农业大学,2015.

［18］胡晨骏,谢佳东,郑晓梅,等.基于RFID技术的中药饮片质量追溯系 统［C］第一届中国中医药信息大会论文集,2014:225-229.

［19］何勇,聂鹏程,刘飞.农业物联网与传感仪器研究进展［J］.农业机械 学报,2013,44（10）:216-226.

［20］李小丽,陈猛,赵广磊.云存储技术在农产品视频监控系统中的应用［J］. 信息与电脑（理论版）,2020,32（04）:6-8.

［21］易飞.附子资源色谱指纹图谱及道地性的初步研究［D］.都江堰:四 川农业大学,2008.

［22］李晋宏,李文鹏.中药种植过程溯源系统的设计［J］.计算机光盘软 件与应用,2014,17（08）:231-232.

［23］李启宇.四川省耕地资源预警研究［D］.都江堰:四川农业大学, 2006.

［24］余慧.基于拓扑关系的空间数据授权管理研究［D］.武汉:武汉大学, 2004.

［25］王冬娜.基于WEBGIS技术的车辆状态实时监控系统设计与实现［D］. 上海:复旦大学,2008.

［26］刘天垒.基于Web的农业数据挖掘系统的研究与实现［D］.北京:中 国农业科学院,2011.

［27］肖光磊.名老中医经验传承中的数据挖掘技术研究［D］.南京:南京 理工大学,2008.

［28］杨铃雯.序列模式挖掘方法及 Web 使用挖掘研究［D］.天津:天津大学,2010.

［29］亓孟雅.基于信息增益的决策树算法的分析与改进［D］.武汉:华中科技大学,2015.

［30］薛文龙,宿金勇.大数据与农业安全预警［J］.科技通报,2017,33（08）:202-205.DOI:10.13774/j.cnki.kjtb.2017.08.044.

［31］徐瑛楠.大数据在构建智慧农业过程中对农业经济管理的重要影响［J］.通讯世界,2018（07）:319-320.

［32］张佳玮,崔刚.用好农业大数据 推动乡村振兴战略实施［J］.中国战略新兴产业,2018（41）:90-91.

［33］阿迪力·克热木,李旭.大数据在我国农业中的作用［J］.河南农业,2020（29）:49-50.

［34］唐健林,董向勇.小型数码航空摄影在大比例尺地形测绘中的应用［J］.人民长江,2011,42（09）:55-56,80.

［35］薛文龙.基于物联网的农田环境信息采集控制与预警系统［J］.江苏农业科学,2017,45（09）:195-198.

［36］谭方勇,王昂,刘子宁.基于 ZigBee 与 MQTT 的物联网网关通信框架的设计与实现［J］.软件工程,2017,20（04）:43-45.

［37］徐鸿华,丁平,贺红,等.岭南药材执行中药材生产质量管理规范（GAP）的关键技术探讨［J］.广州中医药大学学报,2006（05）:419-423.

［38］徐鸿华,詹若挺.广东中药材生产的规范化、产业化建设［J］.世界科学技术,2003（02）:50-54,79-80.

［39］吴孟华,钟楚楚,余品皓,等.橘红与化橘红的古今演变探析［J］.中国中药杂志,2021,46（3）:736-744.

［40］陈旺,周郁成."南方人参"化橘红［J］.源流,2010（12）:72-73.

［41］李润唐,张映南,李映志,等.化橘红研究进展［J］.广东林业科技,2008,24（2）:82-85.

［42］蒲公英.国家食品药品总局发布药品追溯体系最新意见［J］.化工与医药工程,2016,37（05）:39.

［43］李灿,曲建博,周跃华.中药材信息化追溯体系建设的现状与思考
　　　　［J］.中国现代中药,2020,22（09）:1419-1422.

［44］梁崇润,李守锦,李国武,等.化橘红改接换种技术［J］.中国热带农
　　　　业,2017（06）:59-60,64.

［45］李守锦,卢仕威,李国武,等.化橘红丰产栽培技术［J］.中国热带农
　　　　业,2018（01）:62-63.

［46］王志强.虚拟银行卡风险控制分析［J］.河北金融,2022（1）:55-57,
　　　　61.

［47］胡首锋,姜毅.中成药质量溯源系统建设方案的研究与实现［J］.计
　　　　算机时代,2018（2）:62-66,70.

［48］韦荣昌,谭小明,吴庆华,等.凉粉草规范化种植技术规程［J］.江苏
　　　　农业科学,2014,42（02）:198-200.

［49］孙涛.基于Access数据库的证书管理系统［J］.计算机光盘软件与
　　　　应用,2012（6）:136,134.